「竹」夢香港

大熊貓與香港的故事

策劃　中華教育　書服家

作者　李開云

審訂　祝效忠　李德生　簡從炯

中華教育

「竹」夢香港

大熊貓與香港的故事

策劃　中華教育　書服家

作者　李開云

審訂　祝效忠　李德生　簡從炯

責任編輯　鍾昕恩

裝幀設計　Sands Design Workshop

排　　版　Sands Design Workshop

印　　務　劉漢舉

出　　版　中華教育
香港北角英皇道 499 號北角工業大廈 1 樓 B 室
電話：(852) 2137 2338　傳真：(852) 2713 8202
電子郵件：info@chunghwabook.com.hk
網址：http://www.chunghwabook.com.hk

發　　行　香港聯合書刊物流有限公司
香港新界荃灣德士古道 220-248 號荃灣工業中心 16 樓
電話：(852) 2150 2100　傳真：(852) 2407 3062
電子郵件：info@suplogistics.com.hk

版　　次　2025 年 2 月第 1 版第 1 次印刷

規　　格　16 開 (240mm x 170mm)

ISBN　978-988-8912-54-4

作者簡介

李開云

理學碩士，優質原創內容品牌「書服家」創始人。創作出版傳記、散文、小說等作品十餘部，參與《大熊貓圖志》等多部地方志作品編纂。

審訂專家簡介

祝效忠

海洋公園動物及保育主管暨香港海洋公園保育基金總監。1999 年加入海洋公園的動物護理團隊，曾參與安排運送大熊貓「安安」和「佳佳」來港檢疫，並照顧牠們。2007 年負責統籌大熊貓「盈盈」和「樂樂」的運輸及檢疫安排，亦肩負協助「盈盈」和「樂樂」繁衍後代的使命。除了大熊貓，亦接觸園內其他各式各樣的物種，管理園內所有動物護理及保育工作。

李德生

中國大熊貓保護研究中心副主任、首席專家。四川農業大學基礎獸醫學博士，曾任四川卧龍國家級自然保護區管理局副局長。長期從事大熊貓科研、國內外合作交流、科普及公眾教育等工作，入選國家級「百千萬人才工程」和有突出貢獻中青年專家，曾獲國家科技進步二等獎、中國青年科技獎、四川省科技進步一等獎等多項獎勵。

簡從炯

中國大熊貓保護研究中心文化宣教處科普教育負責人、大熊貓科普老師。從事大熊貓公益性文化宣教工作十三年。曾負責大熊貓科普教育課程研發項目，參與大熊貓科普教育管理規範的制定工作等。

序

二十五年前，中央政府首次送贈兩隻大熊貓予香港，揭開港人與大熊貓的情書第一章。2024 年，一對大熊貓龍鳳胎在港出生，令港人對大熊貓的關愛提升至前所未有的高度。

1999 年，中央政府首次送贈國寶大熊貓「佳佳」和「安安」給香港，兩隻大熊貓在海洋公園開展新生活，開啟了港人與大熊貓之戀。2007 年，中央政府在香港回歸十週年時再次贈港大熊貓「盈盈」與「樂樂」，延續港人對大熊貓的熱情。及至 2024 年，中央政府再度饋贈一對年輕大熊貓「安安」和「可可」予香港，加上「盈盈」和「樂樂」誕下一對龍鳳胎，令香港不但成為除內地之外世界上擁有最多大熊貓的城市，而港人對大熊貓的愛更是每天多一點至滿瀉。

大熊貓「安安」和「佳佳」曾經是全球在人類照顧下年紀最大的大熊貓，相當於人類的過百歲。大熊貓發情期甚短，假懷孕情況常見，繁殖難度甚高，而「盈盈」卻成為了有紀錄以來最年長初次成功產子的大熊貓，誕下一對龍鳳胎。這喜事讓海洋公園積累護理珍貴物種的可貴經驗，同時譜寫公園照料初生大熊貓的新篇章。

「盈盈」「樂樂」「安安」「可可」和一對大熊貓寶寶的日常，已成為不少港人生活的一部分。大家會熱切關注大熊貓在海洋公園生活的情況，同時增進熊貓知識及參與相關討論，間接推動海洋公園的保育及教育工作向前邁進。

香港海洋公園衷心感謝中央政府和特區政府的信任，將照顧國寶的重任交託予公園團隊。我們亦非常感激中國大熊貓保護研究中心的專家多年來提供全力支援，讓公園在護理和繁殖大熊貓的工作上一再打破世界紀錄。

保育受威脅物種的工作任重道遠。香港作為國際大城市，每年吸引無數遊客訪港，海洋公園期望竭盡所能，將保育信息傳遍世界每個角落。這本圖書正好記錄了香港大熊貓與海洋公園團隊一路走來的故事，期望能為世界各地的讀者與保育工作者帶來啟發。

龐建貽

海洋公園公司董事局主席

目錄

（梁一霄　攝）

第二章・首對到港定居的大熊貓

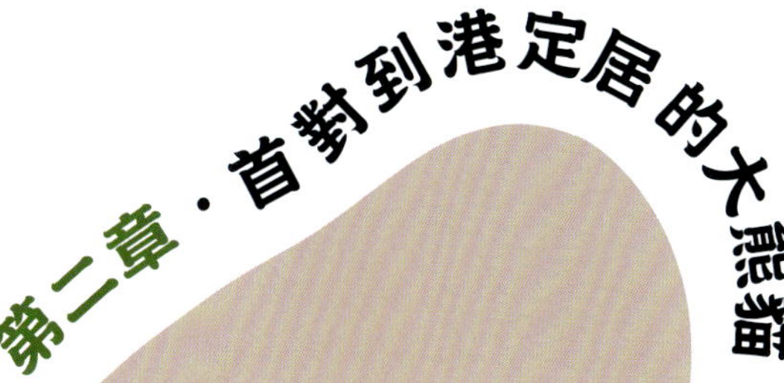

第三章・在關愛裏慢慢成長

（香港海洋公園　提供）

第四章・為你們而來

第五章・盼望

（香港海洋公園　提供）

前言

生活簡單而美好

2024 年 9 月 26 日 9 時 03 分，成都雙流國際機場上，一架貨運專機從跑道昂首衝向雲霄。兩個多小時後，專機在香港國際機場緩緩降落。迎接專機的，除了大批新聞記者，還有香港特區政府政務司司長、文化體育及旅遊局局長，以及漁農自然護理署、香港海洋公園等機構的工作人員。

香港在這充滿喜悦的七十五週年國慶前夕，再次迎來中央政府的美好饋贈和祝福，一對充滿活力的國寶——大熊貓「安安」和「可可」抵達香港，開始迎接牠們新的「熊生」。

當聽到「安安」這個熟悉的名字，不少香港市民流下了激動和欣喜的淚水。時光恍若回到 1999 年，中央政府首次贈送給香港特區的第一對大熊貓中，其中一隻就叫「安安」，牠曾經給香港市民帶來了多少温馨的時刻，留下了多麼美好的回憶。2022 年夏天，享年 35 歲（相當於人類 105 歲高齡）的「安安」，在創造了全球人類照顧下最長壽的雄性大熊貓紀錄之後，安然地離我們而去。如今，「安安」再度歸來，怎能不讓人們激動與欣喜？

千百年來，人類依靠兩翼飛行。一翼是科技，解決越走越遠通達浩瀚宇宙的問題；一翼是文學，解決越走越近通達內心世界的問題。據考古學家研究發現，迄今最古老大熊貓成員——始熊貓（*Ailurarctos lufengensis*）曾生活在約八百萬年前的中新世晚期，牠們的化石在中國的雲南祿豐和元謀兩地先後被發掘出來。今天人們總是希望大熊貓繁殖數量更多一些，表明其繁殖能力並不強大，但這一物種卻歷經八百多萬年而綿延不絕，這不得不説是一個奇跡。

今天，人類借助現代科學技術、設備和方法，對於大熊貓的生活習性、生殖繁衍、疾病防治等方面有了更深入的研究，取得了豐碩的成果；另一方面，大熊貓憨態可掬、乖萌可愛的形象給人們的內心世界帶來了歡樂與美好。可以説，大熊貓是集現代科學技術與探索人類內心世界於一體的瑰寶。

大熊貓是中國獨有的物種，是行走的「國寶」，也是古老的「活化石」。人們研究大熊貓，就是在研究人類自身。大熊貓曾經走過怎樣的歷史？遭遇過怎樣的氣候變遷？牠是如何渡過一個又一個的劫難才能倖存下來？為甚麼牠仍能代代繁衍至今？

看見大熊貓，人們就會自然地聯想到「珍稀」「和平」「友好」「堅韌」「頑強」「可愛」等關鍵詞，這些關鍵詞，也正是大熊貓獨具的科學價值、文化價值之所在。在大熊貓面前，所有的壓力都煙消雲散，牠們表現出來的心平氣和、呆萌可愛，讓人覺得生活簡單而美好，也正因為這些獨特的價值和品性，大熊貓被喻為「和平友好使者」。

詩意地棲居，這是人類與自然在這個星球上最理想的生活狀態，也是我們的終極目標。遠古洪荒時期，大自然是人類的主宰；在自給自足的農耕時代，大自然給予了人類豐沛的資源與養分；隨着工業文明的興起，環境遭到破壞，大量動植物開始滅絕，我們從中嘗到了工業文明帶來的便捷，也嘗到了破壞環境帶來的惡果；今天，我們努力找到科學發展與保護環境的相互依存、相互統一、和諧共生的綠色循環關係。

自然是生命之源，認識大自然就是認識我們自己。我們今天走進大熊貓的世界，實際上也是走進人類自身。大熊貓是自然的活化石，人類是掌握了文明的高等動物，二者應該和平與平等地相處。

迄今為止，中央政府贈送給香港三對大熊貓。牠們擁有哪些生活習性和性格特點？為甚麼會來到香港？到港後擁有怎樣的生活環境？護理人員為牠們能夠更好地生活付出了怎樣的努力？牠們給香港留下了怎樣的記憶？所有這些問題，都能在這本書裏找到答案。這也是首次以圖書的形式，集中對香港大熊貓予以全景式呈現。

這本書裏有大熊貓獨特的經歷，有大熊貓與人類的美好故事，有大熊貓與世界和平共處的美好品質。人生路漫漫，不必焦慮，不必慌張。總有一天，時間會告訴我們答案。

最後，我們期待與大熊貓共存，與大自然共存。用心聆聽，用愛感受，我們在這片大地上詩意地棲居，從這本圖書開始。

李開云

2024 年 9 月 30 日

（香港海洋公園　提供）

名稱

安安

生卒時間	**1986 年—2022 年 7 月 21 日（享年 35 歲）**
性別	**雄性**
譜系號	**327**
發現地點	**四川省寶興縣野外**
赴港時間	**1999 年 3 月 11 日**
家族	**兒子：融融**（生於熊貓中心核桃坪基地，已於 2022 年離世）
外貌特徵	**耳朵大且耳距大、面較方及闊**
性格特點	**敏捷好動、精靈聰明、貪吃隨性**
榮譽	**去世時為當時全球在人類照顧下最長壽的雄性大熊貓**

（香港海洋公園　提供）
名稱
佳佳
生卒時間　約1978年—2016年10月16日（享年38歲）
性別　雌性
譜系號　230
發現地點　四川省青川縣野外
赴港時間　1999年3月11日
家族　兒子：佳林、迪迪、龍龍　女兒：月月、幗幗
（五名子女皆生於熊貓中心卧龍核桃坪基地，已於1993年至2023年間先後離世）
外貌特徵　左撇子、右邊耳朵有一個「V」字形的缺口
性格特點　文靜、和藹、貪睡、母性強
榮譽　去世時為當時全球在人類照顧下最長壽的大熊貓

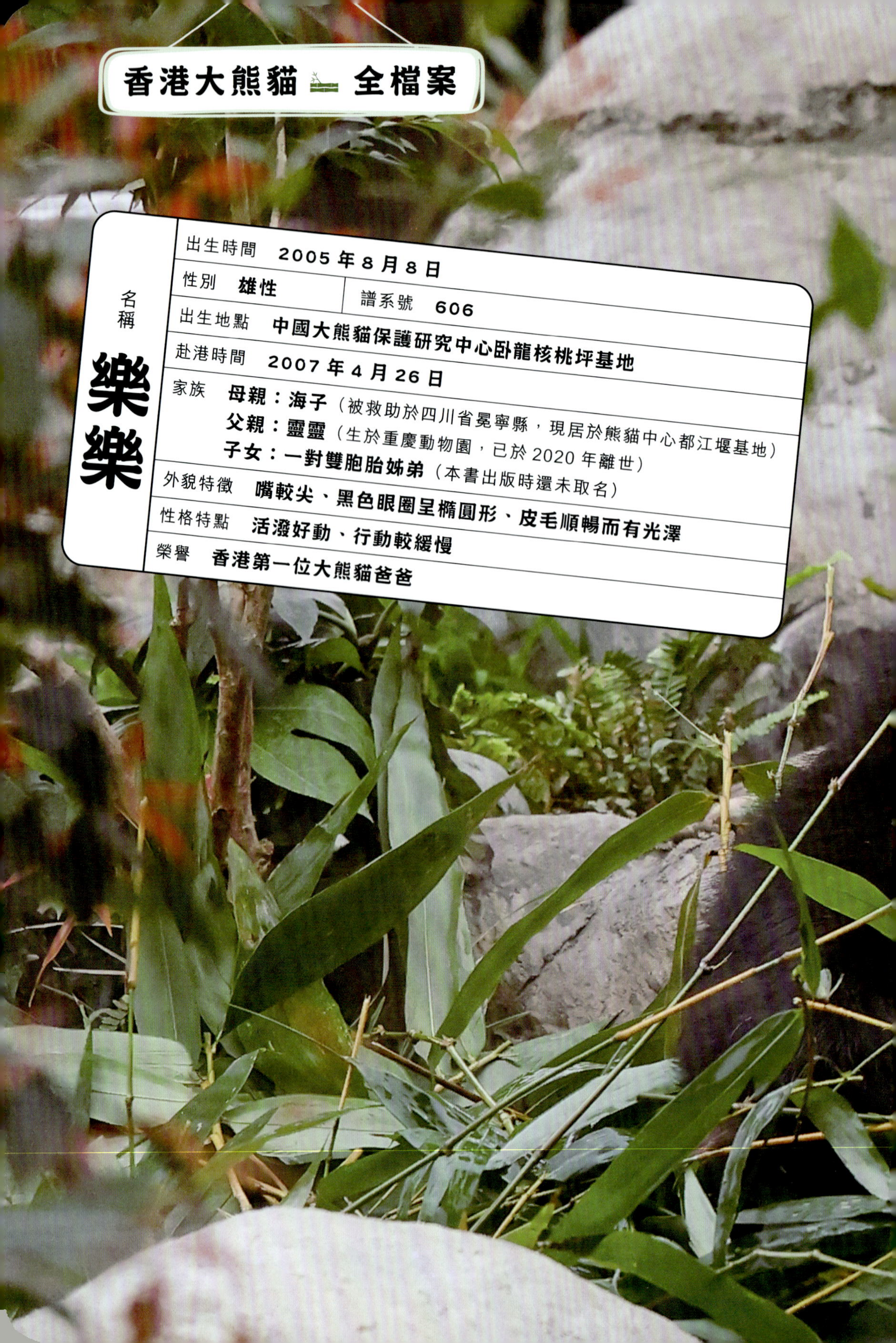
香港大熊貓全檔案
名稱
樂樂
出生時間 2005年8月8日
性別 雄性
譜系號 606
出生地點 中國大熊貓保護研究中心卧龍核桃坪基地
赴港時間 2007年4月26日
家族 母親：海子（被救助於四川省冕寧縣，現居於熊貓中心都江堰基地）
父親：靈靈（生於重慶動物園，已於2020年離世）
子女：一對雙胞胎姊弟（本書出版時還未取名）
外貌特徵 嘴較尖、黑色眼圈呈橢圓形、皮毛順暢而有光澤
性格特點 活潑好動、行動較緩慢
榮譽 香港第一位大熊貓爸爸

（梁一霄　攝）

香港大熊貓全檔案

名稱	盈盈
出生時間	2005 年 8 月 16 日
性別	雌性
譜系號	610
出生地	中國大熊貓保護研究中心臥龍核桃坪基地
赴港時間	2007 年 4 月 26 日
家族	母親：茜茜（生於熊貓中心臥龍核桃坪基地，現居於都江堰基地） 父親：蘆蘆（被救助於四川省蘆山縣野外，現居於熊貓中心雅安碧峯峽基地） 子女：一對雙胞胎姊弟（本書出版時還未取名）
外貌特徵	體格強壯、吻部較短、眼睛大而有神、眼圈彎曲呈「8」字形、耳朵圓
性格特點	溫柔文靜、警惕性很強
榮譽	香港第一位大熊貓媽媽；有記錄以來最年長初次成功產子的大熊貓

（香港海洋公園　提供）

雙胞胎 弟弟

出生時間	**2024 年 8 月 15 日 3 時 27 分**
性別	**雄性**
出生地點	**香港海洋公園**
出生體重	**約 112 克**
家族	**母親：盈盈　父親：樂樂** **姊姊**（本書出版時還未取名）

雙胞胎姊姊
出生時間　2024 年 8 月 15 日 2 時 05 分
性別　雌性
出生地點　香港海洋公園
出生體重　約 122 克
家族　母親：盈盈　父親：樂樂
弟弟（本書出版時還未取名）

（香港海洋公園　提供）

名稱 **安安**

出生時間	**2019 年 6 月 28 日**
性別	**雄性**
譜系號	**1183**
出生地點	**中國大熊貓保護研究中心 臥龍神樹坪基地**
赴港時間	**2024 年 9 月 26 日**
家族	**母親：林冰**（生於泰國清邁動物園，現居於熊貓中心雅安碧峯峽基地） **父親：武崗**（被救助於四川省寶興縣，已於 2023 年離世）
外貌特徵	**頭圓體長、體格強壯、眼圈呈葫蘆形**
性格特點	**動作敏捷、聰明好動、外向活潑**

（香港海洋公園　提供）

（香港海洋公園　提供）

名稱

可可

出生時間	2019 年 6 月 26 日
性別	雌性
譜系號	1180
出生地點	中國大熊貓保護研究中心臥龍神樹坪基地
赴港時間	2024 年 9 月 26 日
家族	母親：渼媛（生於熊貓中心雅安碧峯峽基地，現居於臥龍神樹坪基地） 父親：津柯（生於熊貓中心雅安碧峯峽基地，現居於臥龍核桃坪基地）
外貌特徵	身形嬌小、臉較圓、眼圈呈肥皂形
性格特點	性情温順、活潑好動、善於攀爬

第一章

大熊貓的香港情緣

已故的「安安」「佳佳」，

標誌着香港與大熊貓正式結下不解之緣；

隨着「盈盈」「樂樂」到來，

大熊貓再次帶給香港市民無限的希望與憧憬；

「安安」「可可」繼續牽起川港情緣，

大熊貓與香港的故事將翻開嶄新一頁。

無論時間如何變遷，

內地與香港始終一衣帶水、血脈相連、同根同源。

▲ 2024 年贈港大熊貓「安安」（香港海洋公園　提供）

十七年的等待

2022 年，大熊貓「安安」離世，香港海洋公園內的大熊貓僅剩下「盈盈」與「樂樂」。不少市民期待中央政府能夠再贈送兩隻大熊貓給香港，繼續陪伴全港市民成長。

2024 年，香港回歸二十七週年，距離上一對大熊貓「盈盈」「樂樂」到港已經過去十七年。

7 月 1 日，一則新聞瞬間讓全港市民沉浸在歡樂的氣氛裏。當天上午，香港特區政府發言人宣佈：「中央政府同意再次送贈一對大熊貓予香港特區。」

一夜之間，大熊貓的熱度再次席捲香港的大街小巷。

香港特區行政長官李家超親自趕赴位於四川的中國大熊貓保護研究中心（簡稱「熊貓中心」），商討大熊貓赴港安排；海洋公園內，園方為迎接大熊貓到來，開始對熊貓館進行翻新，對各設施進行升級；各大商戶、機構開始策劃大熊貓相關活動安排，街道上逐漸充滿大熊貓元素；市民熱烈地在網絡上討論，對多隻「明星」大熊貓進行調查，猜想即將赴港的大熊貓身份。

幾天後，李家超在四川會見媒體時透露，已選定新一對來港大

熊貓，牠們的年齡在 5 至 8 歲之間，其中雄性大熊貓體重約 120 公斤，聰明好動；雌性大熊貓約 100 公斤，性情溫順。他多次強調，力爭在 10 月 1 日前讓兩隻大熊貓到達香港。

全港市民再次沸騰，默默在心裏算着日子。

等待的日子總是很漫長。在此期間，李家超前往海洋公園，實地考察兩隻大熊貓居住場地的環境與建設情況；香港特區文化體育

◀▲在熊貓中心都江堰基地的「安安」「可可」 （香港海洋公園　提供）

及旅遊局局長則多次往返四川、香港兩地，確保大熊貓能夠順利前往香港。

9 月下旬，兩隻贈港大熊貓身份信息公開，分別是「安安」和「可可」，這兩隻大熊貓均為 5 歲大，剛踏入成年，充滿活力。雄性大熊貓「安安」頭圓體長，動作敏捷，聰明好動，性格外向活潑。雌性大熊貓「可可」性情溫順、冷靜和從容，善於攀爬。瞬間，香港社交媒體到處都是這兩隻大熊貓的相關照片和信息。

9 月 25 日，大熊貓「安安」「可可」赴香港歡送儀式在四川省都江堰舉行。在安排運送前，海洋公園和熊貓中心的團隊幫助兩隻大熊貓熟習運輸箱，鼓勵牠們自行進入運輸箱內，以免除麻醉的需要。26 日凌晨 2 時 30 分，熊貓中心都江堰基地的工作人員將分別裝載着「安安」與「可可」的運輸箱穩妥地安置在兩輛專車上，隨後啟程離開都江堰基地，向成都雙流國際機場進發。專車車身醒目地印着「歡送大熊貓『安安』『可可』赴香港海洋公園」的標語，並附有兩隻大熊貓的可愛照片，顯得格外溫馨。白色的運輸箱內，「安安」與「可可」安靜地待着，四周被膠板細心地遮蓋着，外部則以繩網牢牢固定在運輸板上，以確保牠們旅途的安全與舒適。箱

▲護理團隊把「安安」安置於運輸箱內，準備從四川運送到香港 （香港海洋公園　提供）

內還精心準備了竹子和蘋果等食物，讓牠們在路途上享用。

與此同時，都江堰基地的工作人員聚集在路邊，手舉印有「安安」和「可可」照片的紙牌及橫幅，滿含深情地與這對即將遠行的大熊貓道別。

早上約 8 時，載着「安安」和「可可」的專車抵達成都雙流國際機場停機坪，在多名工作人員協助下，兩個運輸箱透過升降台被搬上國泰航空的貨機。都江堰基地與海洋公園的護理員及獸醫一起全程協助及監察大熊貓的運送。為了確保這對大熊貓在飛行途中的安全與舒適，熊貓中心不僅準備了充足的食物和飲用水，還制定了詳盡的應急預案。貨艙內的溫度被嚴格控制在大熊貓最適宜的環境溫度 20°C 至 25°C 之間，並配備有醫療用品，以備不時之需。

上午 11 時許，香港風和日麗，香港國際機場內已聚集不少媒體人士和工作人員，爭相希望能一睹大熊貓的風采。大家不時地低頭打開手機，再抬頭望望天空，計算着飛機降落時間。

11 時 05 分，藍天之下，載有「安安」和「可可」的專機緩緩降落。飛機停穩後，香港漁農自然護理署和海洋公園的動物護理團隊第一時間登機，為首次飛行近三小時的兩隻大熊貓做初步健康檢查。牠們雖然經過三個小時航程，仍精力充沛。

兩隻大熊貓被細心地安置在運輸箱內，利用升降台平穩地移至停機坪，隨後被謹慎護送至運輸車輛上。「安安」在運輸箱內，充滿好奇地環顧四周，不時地舉起前掌，彷彿在與香港這座城市熱情地打招呼，傳遞着「你好」的友好信息；「可可」在箱內不斷伸出頭頸，四處嗅探，對外界的一切充滿了好奇與期待。

香港特區政府特地舉辦歡迎儀式，政務司司長陳國基致辭道，自從特區行政長官宣佈中央政府再次向香港特區贈送大熊貓的好消息後，他和所有香港市民一樣感到非常雀躍，熱切期待一對活潑可

▲「安安」在海洋公園內進行隔離檢疫　（香港海洋公園　提供）

愛的大熊貓早日融入香港這個大家庭。現場氣氛熱烈而温馨，人們紛紛舉起手機、相機記錄下這歷史性的一刻。

歡迎儀式結束後，「安安」「可可」從機場前往海洋公園。約四十三公里的路程，香港警隊的車隊組成箭形隊伍，護送兩位「頂流明星」。

「安安」「可可」在接受隔離檢疫和適應環境後，於 12 月 8 日正式與公眾見面。

大熊貓知識問答

大熊貓到底是「真胖」還是「顯胖」呢？

大熊貓毛髮豐厚，使得整個身體顯得非常肥胖，但實際上牠們並不是「實心胖」而是「顯胖」。科學研究發現，大熊貓的皮下脂肪其實不多，牠們看上去胖主要是由於骨架大、肌肉多。在大熊貓食譜中佔據重要地位的竹子其實熱量很低，牠們每天從主食上攝入的熱量僅能夠滿足日常所需，基本沒有剩餘的能量轉化成脂肪。

「安安」「可可」赴港之旅

7月1日

香港回歸二十七週年當日，香港特區政府發言人宣佈，中央政府同意再次贈送一對大熊貓給香港特區。

7月9日

香港特區行政長官親赴四川省，並宣佈已選定新一對來港大熊貓。

7月至9月

海洋公園護理員於7月下旬前往四川開始熟悉兩隻贈港大熊貓的習性。牠們於8月開始在熊貓中心進行隔離檢疫，並做適應性訓練。

20

香港大熊貓官方專頁
Instagram 影片

9 月 26 日

「安安」「可可」離開熊貓中心都江堰基地，乘專機飛抵香港。

9 月至 12 月

「安安」「可可」在海洋公園內進行隔離檢疫和適應環境。

12 月 8 日

「安安」「可可」與市民、遊客正式見面。

（照片來源：香港海洋公園　提供）

情緣初起

1997 年，香港回歸祖國；1998 年，中央政府作出了一個温暖而意義深遠的決定——向香港特別行政區贈送一對大熊貓。

這對贈送給香港的大熊貓由國家林業部門從四川卧龍熊貓中心精心挑選，最終選定一隻正值壯年的 12 歲雄性大熊貓和一隻較年長的約 20 歲雌性大熊貓——「安安」和「佳佳」，寓意香港「安」定繁榮，迭創「佳」績。

「安安」「佳佳」不僅寄託了祖國對香港持續穩定繁榮的美好祝願，更希望香港能在未來的歲月裏，不斷開創佳績，書寫更加輝煌的篇章。這一舉措，無疑為香港與內地的情感紐帶增添了濃墨重彩的一筆，開啟了彼此之間獨特的「大熊貓情緣」。

1999 年 3 月 11 日，位於四川卧龍的熊貓中心春風和煦，憨態可掬的「安安」與「佳佳」即將踏上牠們生命中最為特別的一段旅程。牠們自幼在四川這片土地上嬉戲成長，如今將要揮別這片熟悉的家園，前往遙遠的香港，成為連接兩地人民情感的橋樑。

為確保「安安」與「佳佳」能夠安全、舒適地抵達新家，有關部門精心安排了專用貨機運送牠們。隨着引擎轟鳴，貨機緩緩升

（香港海洋公園　提供）

空，「安安」與「佳佳」的身影逐漸消失在四川的羣山之間，開始了一場跨越千山萬水的飛行旅程。

當天下午 4 時 15 分，「安安」與「佳佳」平安抵達香港國際機場。機場內外人頭湧湧，數十名記者早已守候多時，希望能夠第一時間記錄下這歷史性的一刻。然而，出於對大熊貓健康的考慮，牠們剛一落地便在警車的護送下，迅速被送往香港海洋公園進行隔離檢疫。儘管這讓許多翹首以盼的記者和市民感到遺憾，但大家紛紛表示理解與支持，因為大熊貓的健康與安全永遠是第一位。

大熊貓的運送及檢疫安排有一套完整而嚴謹的程序。現任海洋公園動物及保育主管暨香港海洋公園保育基金總監的祝效忠，當時便是負責有關工作的成員之一。為照料第一對中央贈港大熊貓，他大概有兩個月沒有離開過公園。在「安安」和「佳佳」入住海洋公園後，祝效忠和他的同事一共五人的工作團隊，就開始二十四小時不間斷地觀察、照顧、護理兩隻大熊貓。比如大熊貓每次進食、排便之後，工作人員都會在牠於另外一個空間時，對牠進食、排便的地方進行清潔和消毒。整個團隊持續進行動物監察，直到獸醫簽字確認「安安」「佳佳」健康，可以和公眾見面。

佳佳

（香港海洋公園　提供）

為迎接「安安」「佳佳」的到來，海洋公園工作人員已籌備多日，園方不僅專門為牠們開闢出大熊貓館，還參照野生大熊貓生活環境精心佈置了牠們的住所，從食物到玩具，每一個細節都充滿着關愛與用心。

雖然香港市民也想馬上一睹國寶大熊貓的風采，但為了「安安」「佳佳」的安全、健康考慮，牠們還需要先歷經檢疫隔離與環境適應期。這段為期兩個月的準備過程，不僅是對大熊貓身體狀況的全面檢查，更是對牠們環境適應能力的細緻考量。海洋公園與香港特區政府及熊貓中心緊密合作，專業的獸醫團隊對「安安」與「佳佳」進行全方位的健康評估。從體温監測到血液化驗，從體重管理到飲食習慣，方方面面都考慮到位，以確保「安安」「佳佳」能夠以最佳狀態迎接與香港市民的首次會面。

據海洋公園介紹，「安安」「佳佳」在隔離期間身體狀況良好，牠們不僅食慾旺盛，體重穩定增長，還展現出了對新環境的濃厚興趣和好奇心。

終於，在萬眾矚目之下，5 月 18 日這一天到來了。香港市民滿懷激動的心情湧向海洋公園，只為親眼見證這對國寶的風采。當「安安」「佳佳」首次在公眾面前亮相時，牠們那圓滾滾的身體、黑白相間的毛髮以及憨態可掬的模樣瞬間征服了所有人的心。

這場跨越千里的「大熊貓情緣」，不僅讓香港市民近距離地感受到了大熊貓的可愛與珍貴，更加深了他們對祖國的認同與歸屬感。祝效忠回憶説，「安安」和「佳佳」是中央政府送給香港特區和市民的第一對大熊貓，意義非常重大，慶祝回歸之餘，更象徵着海洋公園、香港市民開始和大熊貓有一個感情的建立。「當我們真正開始擁有的時候，我們會特別珍惜，以及開始思考如何去關愛牠們。」祝效忠説，第一對贈港大熊貓開啟了海洋公園在大熊貓保育和教育史上的里程碑，更成為了海洋公園最重要的動物保育大使。

安安（已故）

（香港海洋公園　提供；Matt Leung　攝）

「安安」「佳佳」成為了海洋公園的動物大使，吸引來自世界各地的遊客前來探訪。牠們的故事廣為傳頌，成為香港與內地情感交流的永恆見證。同時，這份特殊的禮物也激勵着香港市民不斷追求進步與發展，為祖國的繁榮富強貢獻自己的力量。

大熊貓知識問答

大熊貓為甚麼喜歡滾來滾去？

玩耍：大熊貓會在坡地或雪地上滾動，享受速度和重力帶來的感覺。牠們年幼時也會和同伴一起滾動，增進彼此之間的友誼和信任。

表達情緒：大熊貓會做出不同的動作或發出不同的聲音，滾來滾去或許是一種表達情緒的方式。

「安安」「佳佳」赴港之旅

3 月 11 日

12 歲大熊貓「安安」和約 20 歲大熊貓「佳佳」由專機運送到香港。

3 月至 5 月

「安安」「佳佳」在海洋公園內進行隔離檢疫、環境適應。

5 月 18 日

「安安」「佳佳」正式與市民、遊客見面。

（照片來源：香港海洋公園　提供）

1999

十週年的禮物

2007 年春天，隨着香港回歸祖國懷抱的第十個年頭悄然臨近，中央政府決定再次贈送一對大熊貓給香港，向香港同胞表達深厚的情誼與祝福。這一決定不僅象徵着兩地之間割捨不斷的血脈聯繫，也預示着香港與內地之間有關自然保育的交流即將開啟新篇章。

3 月 20 日，經過嚴格挑選，來自熊貓中心一對譜系號為 606 號的雄性大熊貓和譜系號為 610 號的雌性大熊貓被確定為贈港大熊貓，這對大熊貓寶寶才 1 歲半左右。祝效忠説，這次挑選贈港大熊貓的目標之一，就是遴選出繁育能力較強的大熊貓。「第一對贈港大熊貓『安安』和『佳佳』抵港的時候已經成年，甚至年紀比較大，當時挑選大熊貓並未有考慮繁殖，而是希望給香港市民帶來更多的歡樂或者歸屬感，以及藉機做好公眾教育。」他指，從 2007 年開始，通過與內地進行深度友好交流，香港海洋公園開啟了大熊貓範疇內另一個全新的維度：不僅要養得好、養得健康，做好公眾教育活動，更要開展繁育大熊貓的工作。這樣的初衷，也為這對贈港大熊貓後續在港誕下一對「港產龍鳳胎」埋下了伏筆。

（香港海洋公園　提供）

為確保這對大熊貓能夠順利適應香港的新環境，內地與海洋公園緊密合作，制定了周密的準備計劃。海洋公園特意派遣經驗豐富的護理員前往四川卧龍自然保護區學習，熟悉這兩隻贈港大熊貓的習性和性格，並了解照顧年幼大熊貓的技巧。

當時護理員每天的工作就是全程記錄大熊貓的習性，甚至精確到每隔幾分鐘就要記下牠們在做甚麼動作、處於何種狀態，也要記下牠們在不同的時段吃甚麼，為牠們在香港的新生活提供寶貴的參考數據。

4 月 25 日清晨，卧龍自然保護區內春意盎然。然而，即將離別的氣氛卻讓每個人的心中都充滿不捨。雄性 606 號大熊貓似乎對這片生養牠的土地有着深厚的眷戀之情，牠一直賴在樹上不願下來。直到護理員用廣東話温柔地呼喚牠「乖乖」時，牠才依依不捨地離開樹梢，下樹享用早餐，護理員高興地連聲用英文「good boy」稱讚牠。

4 月 26 日早晨，一場春雨落下，似乎在為即將啟程的大熊貓送行。「平時與牠們接觸很多，兩個小傢伙十分黏人，真有些捨不得牠們走。」穿着雨衣的熊貓中心工作人員有些戀戀不捨地説。

早上 7 時 30 分，在熊貓中心工作人員的護送下，兩隻贈港大熊貓由運輸箱載着從卧龍出發。11 時 58 分，大熊貓安全抵達成都雙流國際機場。

此次兩隻大熊貓乘坐的是由南方航空公司提供的貨機。啟航前一天，南航就對貨機內外進行了一次全面的清洗和消毒，以確保環境乾淨衛生。

負責運送的南方航空公司、熊貓中心以及成都雙流國際機場舉行了簡短的交接儀式。稱體重時，兩隻大熊貓頗有精神，狀況良好，儘管機場人多，場面嘈雜，但牠們仍保持一副氣定神閒的姿態。

▲「樂樂」(右)「盈盈」(左)第一次在香港度過冬天　　(香港海洋公園　提供)

下午 2 時，兩隻大熊貓被送上南航為牠們準備的豪華舒適空間。空間體積達 735 立方米，溫度控制在大熊貓喜歡的 20°C 左右。此外，飛機上還精心準備了大熊貓喜愛的食物、水和新鮮的竹子。在長達數小時的飛行過程中，兩隻大熊貓始終保持着良好的狀態，牠們似乎很享受這段特殊的旅程。

下午 3 時 52 分，載着大熊貓的專機平穩降落在香港國際機場。香港特區政府與相關部門做了簡短的交接，香港特區前民政事務局與國家林業局共同簽署交接證書，並正式公佈這對大熊貓的名字——606 號雄性大熊貓的名字為「樂樂」，610 號雌性大熊貓的名字為「盈盈」，這兩個名字不僅寓意着香港「繁榮歡樂，經濟豐盈」的美好願景，也寄託了人們對這對大熊貓未來生活的美好祝願。隨後，「樂樂」與「盈盈」被安全地運送到海洋公園。

6 月 30 日上午 11 時 30 分，「大熊貓送贈儀式」在海洋公園隆重舉行。時任國務委員唐家璇出席儀式並致辭。他表示，中央政府向香港特區贈送大熊貓，表達了中央政府對香港特區的特別關愛和祝福，體現了內地人民和香港同胞血濃於水的親情，期待着兩隻大熊貓能為香港增添喜氣、吉祥，祝福香港市民生活更幸福、快樂。

7 月 1 日，「樂樂」「盈盈」終於與香港市民、遊客正式見面，牠們憨態可掬的模樣與活潑可愛的舉止立刻贏得了大眾的喜愛與歡迎。

從此，「樂樂」與「盈盈」成為香港居民，牠們在這片土地快樂成長，成為連接內地與香港兩地人民情感的橋樑。

大熊貓知識問答

大熊貓的黑眼圈有哪些重要作用？

第一，大熊貓的黑眼圈處的黑色皮毛可吸收紫外線，將光線對眼睛的傷害減到最低。第二，看似幾乎全黑的眼睛能在遭遇天敵時起到威懾作用。此外，每隻大熊貓的黑眼圈都有獨特的輪廓，就像人類的指紋一般。通過黑眼圈的不同形狀，人們可以識別不同的大熊貓個體。

「盈盈」「樂樂」赴港之旅

香港回歸十週年之際，中央政府決定再贈送一對大熊貓給香港。

3 月 20 日

經過嚴格挑選，來自熊貓中心一對譜系號為 606 號的雄性大熊貓和譜系號為 610 號的雌性大熊貓被確定為贈港大熊貓，此時牠們約 1 歲半。

3 月至 4 月

海洋公園派遣經驗豐富的護理員前往卧龍，熟悉這兩隻贈港大熊貓的習性和性格，並了解照顧年幼大熊貓的技巧。

20

4月至6月

兩隻大熊貓在海洋公園內進行隔離檢疫、環境適應。

7月1日

香港回歸十週年當日，「樂樂」「盈盈」正式與市民、遊客見面。

4月26日

兩隻大熊貓抵達香港，「樂樂」「盈盈」的名字正式公佈。

（照片來源：梁一霄　攝）

香港特區援建

四川省卧龍自然保護區

在歷史的長河中，自然災害總是以它不可抗拒的力量，考驗着人類的智慧與堅韌。

2008 年 5 月 12 日，汶川大地震突然降臨，給熊貓中心帶來前所未有的挑戰，地震影響遍及國內 83% 的大熊貓棲息地，超過 500 平方公里（面積相當於 2,630 個香港的維多利亞公園）被毀。震後，卧龍、耿達兩個鄉鎮的基礎設施被毀，一夜之間成為「孤島」，保護區內大熊貓圈舍和野生棲息地更是受到不同程度的影響。

卧龍自然保護區管理局的工作人員回憶起那段艱難歲月，感慨萬千：地震過後，基地內遍佈滾落的巨石，塵土瀰漫天際，大熊貓深陷驚恐之中，四處奔逃以求生路。地震造成的山體崩裂，使得這些箭竹的採伐工作變得異常艱難，大熊貓面臨食物短缺的困境。工作人員不得不採取緊急措施，砍伐原本用於觀賞的竹子，作為大熊貓的救命稻草，以確保牠們能夠度過這一艱難時期。

面對如此嚴峻的形勢，香港特別行政區伸出援手。2008 年 6

盈盈

（梁一霄　攝）

月，香港特區政府提出援建卧龍的意向，當年 10 月，川港雙方正式簽署重建合作協議。

2008 年開始，為重建受到汶川地震災害的卧龍保護區，香港特區出資 15.8 億港元，規劃了包括生態環境保護、社區經濟發展、人才培訓等二十三個援建項目。當中的旗艦項目是重建中國保護大熊貓研究中心的兩個基地——位於卧龍神樹坪的中華大熊貓苑，及位於都江堰的大熊貓救護與疾病防控中心。川港雙方對這兩個項目非常重視，共同委任香港海洋公園為榮譽技術顧問，同時邀請七位分別來自內地、香港的著名建築師組成援建卧龍建築專家團，義務就有關項目提供專業意見。

香港海洋公園保育基金（其前身為成立於 1999 年的香港大熊貓保育會）在大地震發生後立即成立「大熊貓基地震後重建基金」，

以支持受災地區的重建工作，包括卧龍的繁育及研究中心和關鍵研究站。

經過數年的努力與建設，2016 年 5 月 11 日，熊貓中心卧龍神樹坪基地——中華大熊貓苑完成建設，成為大熊貓保育科研的國際交流合作重要平台，卧龍大熊貓保護事業迎來新的春天。

為感謝香港市民的深情厚誼和無私援助，熊貓中心決定將卧龍神樹坪基地以及都江堰基地永久免費向香港市民開放。

如今，卧龍神樹坪基地已經成為一個集科研、保護、教育、旅遊等多功能於一體的現代化大熊貓保護基地。在這裏，遊客可以近距離觀賞可愛的大熊貓，感受牠們悠閒自在的生活狀態；同時，也可以通過各種科普展覽和互動體驗活動，深入了解大熊貓的生活習性和保育知識——這一切的成就都離不開香港特區政府的鼎力支持和無私援助。

而香港海洋公園保育基金亦繼續信守對大熊貓保育的承諾，與四川省林業和草原局及地區當局展開緊密合作，持續資助及實施多個大熊貓保育項目。至 2024 年，保育基金累計投入超過港幣 3,000 萬元，支持超過九十個與野生大熊貓相關的保育研究、自然教育及能力建設項目。資助項目累計培訓國內超過 1,100 名前線人員，協助大熊貓自然保護區提升管理水平及推動可持續保育措施，設立三條大熊貓廊道，減少棲息地破碎化帶來的影響，並直接推動王朗國家級自然保護區全面禁牧，進一步保護大熊貓的天然棲息地。多年來，保育基金修復多個大熊貓棲息地、人工恢復竹林等，總保護面積超過 375 平方公里。

展望未來，我們堅信在內地與香港的共同努力下，大熊貓保護工作一定會取得更加輝煌的成就。讓我們攜手並肩，為保護這一珍稀物種貢獻自己的力量！

內地明星大熊貓

和花

大熊貓「和花」，又叫「成和花」「花花」，雌性，2020 年 7 月 4 日出生於成都大熊貓繁育研究基地月亮產房，出生體重為 200 克。「和花」的母親是「成功」，父親是海歸大熊貓「美蘭」，雙胞胎妹妹是「和葉」。作為土生土長的「四川娃」，「和花」對「果賴召喚術」尤其敏感，牠聽到自己的暱稱「花花」不一定搭理，但聽到「果賴」（四川話「過來」的諧音），牠通常會掉轉腦袋，慢騰騰移動身子靠過來。這是因為護理員每次喊「果賴」時，都會給牠加餐，久而久之，「果賴」就成為「和花」另一個名字。

「和花」因其獨特的外觀和性格深受人們喜愛。牠身材圓潤，毛茸茸，頭和身體融為一體，看上去像沒有脖子和腰，坐下時像一個等邊三角形的飯糰，這些特點使牠在眾多大熊貓中極具辨識度。牠不僅外表呆萌，性格也十分溫順，2 歲後仍然願意與人近距離接觸，經常配合遊客拍照和互動。

2024 年 4 月，四川省成都市文旅局邀請「和花」擔任榮譽局長，足見其受歡迎程度。

（照片來源：芋圓看熊貓　攝）

第二章

首對到港定居的大熊貓

大熊貓在香港扎根、長久地走進市民的生活，
始於 1999 年 3 月那個美麗的春天。
首對贈港大熊貓「安安」「佳佳」
給市民和遊客帶來了許多美好的記憶。
很多人認識「安安」「佳佳」，
也是從牠們來港定居後開始的。
那麼，
這對源自野外的大熊貓在來港之前有着怎樣的故事？

▲已故的「安安」　（香港海洋公園　提供）

「佳佳」：「英雄母親」

約 2 歲在野外獲救

位於中國四川省廣元市青川縣境內的岷山東北麓、龍門山北段的高山峽谷區，千百年來呈現出一派峯巒疊嶂、蒼勁翠綠的原始森林景象。這裏最高峯海拔三千八百多米，相對高差二千四百多米，漫步其間，只見晨霧伴流雲，輕紗遮山巒，山中溪流縱橫交錯，清澈見底，不時可以看見水中游弋着稀有野生魚類，又見植被繁茂，古木參天，綠蔭蔽日；側耳傾聽，松濤聲、溪流聲、風聲、各種動物的叫聲相互呼應，構成了一曲美妙的自然交響樂。

在有着複雜地形條件的同時，這裏也擁有豐富的動植物資源。斗轉星移，歲月悠悠，在這片面積約四萬公頃的森林中，有大熊貓、珙桐等多種國家重點保護動植物棲息和生長，被譽為「天然基因庫」。

值得一提的是，唐家河國家級自然保護區生長着種類和數量繁多的竹子，箭竹林、糙花箭竹、青川箭竹，它們成片成林，點綴其中又綿延不絕。這些竹子是大熊貓的天然養料。野生紫荊花也是唐家河的一景，綿延長達十多公里，每當繁花盛開的時節，蔚為壯觀。

佳佳

（香港海洋公園　提供）

（香港海洋公園　提供）

世世代代，人與自然在這片大地上和諧詩意地棲居與繁衍，而人類與大熊貓的交集，從科學研究的角度，通過現有的文獻記載來看，法國傳教士兼動植物學家阿爾芒·戴維（Armand David）是第一個探究大熊貓的科學家。1869 年 4 月 1 日，戴維來到四川，成功獲得了第一隻成年大熊貓。這種擁有黑白相間皮毛的動物，一經發現就震驚了全世界。

然而，有誰能想到，今天的唐家河國家級自然保護區，昔日竟然是一個伐木廠。

憑藉豐富的森林資源，1956 年 10 月，青川縣唐家河森林經營所建立。九年之後，1965 年，青川伐木廠成立。頂峯時期，有數百名伐木工人在此勞作。在人與自然的接觸過程中，人們不時看到大熊貓、川金絲猴等珍稀動物出現在森林裏，這樣的情況引起了研究者的注意。1974 年，曾任西華師範大學教授、珍稀動植物研究所所長的胡錦矗帶領三十餘名專家前往唐家河開展全國首次對大熊貓野外的調查和研究，在胡錦矗的建議下，唐家河自然保護區成立起來了。1986 年 5 月，經國務院批准，唐家河晉升為國家級自然保護區，保護區內前哨村的 65 戶 301 名村民全部搬出保護區，成為國內唯一無居民居住的大熊貓保護區。

今天，從成都出發，驅車六個小時便可進入廣元青川。沿着唐家河峽谷一路穿行，小心繞過摩天嶺山腳，從四角灣區域倒梯子處一路攀爬，便可直抵唐家河保護區的柏林溝。

柏林溝，就是「佳佳」當年被發現的地方。

時間倒回到 1980 年，9 月的唐家河，秋風送爽，層林盡染，萬木霜天紅爛漫，原始森林美如畫。如果走進一些，就會看到一片一片枯死的竹子點綴其中，這一年唐家河的竹子不知甚麼原因出現大面積開花、死亡，從而讓大熊貓失去了重要的食物來源。

在山腳一處村民的廚房，突然出現一頭飢餓的大熊貓，弄出巨大的響聲。很快，村民就將這一情況向保護區管理人員報告。管理人員匆匆趕來，發現這頭大熊貓已經非常虛弱，他們用背簍把大熊貓背下山，把牠哄進木籠子裏送到動物園救治。慶幸的是，因為救助及時，這隻大熊貓最終活了下來。

這頭被救助的大熊貓，就是「佳佳」，後來科研人員將其譜系號定為 230。「佳佳」是一頭真正源自野外的大熊貓。牠身上最明顯的特徵就是右邊耳朵有一個「V」字形的缺口，估計是小時候在野外受傷所致。由於無法得知牠的準確出生日期，人們從牠被救助時大約為 2 歲推算，牠應該是在 1978 年出生。

1980 年 9 月，2 歲左右的大熊貓「佳佳」被救助後，開始從野生變成在人類照顧下生活。「佳佳」有旺盛的生育繁殖能力，從 1992 年到 1996 年短短四年之間，「佳佳」一共產下五胎共六名子女，其中存活五崽，算得上「兒孫滿堂」，更因每年正常發情產子而有「英雄母親」之稱。

在「佳佳」生下女兒「幗幗」後的次年，香港回歸祖國。又過了兩年，1999 年 3 月 11 日，在香港即將迎來回歸兩週年之際，「佳佳」和另外一隻雄性大熊貓「安安」獲挑選為贈港大熊貓，寓意香港「安」定繁榮，迭創「佳」績。牠們第一次享受到乘坐專機的待遇，從四川出發，一路「跋山涉水」，到達一千三百餘公里之外的香港，從此在香港海洋公園安家。

這一年，「佳佳」約 20 歲，從牠被發現於野外並獲得救助，時間已過去十八年多。從大熊貓的年齡來看，她已是老年。

「佳佳」的子女

名稱	性別及譜系號	生卒時間
佳林	**雄性，譜系號 396**	**1992 年 9 月 24 日—1993 年 7 月 21 日**
月月	**雌性，譜系號 404**	**1993 年 11 月 20 日—2023 年 8 月 4 日**
迪迪	**雄性，譜系號 413**	**1994 年 10 月 5 日—2022 年 7 月 12 日**
龍龍	**雄性，譜系號 433**	**1995 年 9 月 14 日—2010 年 9 月 9 日**
幗幗	**雌性，譜系號 439**	**1996 年 9 月 14 日—2016 年 12 月 26 日**

佳佳

（香港海洋公園　提供）

大熊貓知識問答

大熊貓是近視眼嗎？

有大量研究指出，大熊貓的嗅覺和聽覺極其發達，但是視力相對較差。研究人員通過進行實驗，再用專業方法進行數據分析後，發現大熊貓的視力相當於國際標準視力表等差級數中的 0.8 左右；在同樣的視力標準下，人類則需要佩戴 200 度左右的近視眼鏡。不過，大熊貓在找尋事物、判斷風險等方面，首先還是用到牠們靈敏的聽覺和嗅覺，所以視力差一點兒也不影響甚麼。

內地明星大熊貓

福寶

大熊貓「福寶」，雌性，2020 年 7 月 20 日出生於韓國京畿道龍仁市的愛寶樂園，是首隻在韓國出生的大熊貓，暱稱「福公主」「龍仁福氏」。「福寶」的父母分別是大熊貓「華妮」和大熊貓「園欣」，牠出生時身長 16.5 厘米，體重 197 克。「福寶」臉蛋像可愛的包子，眼尾毛穗拉長的線條像小鳥的尾巴。牠性格活潑，愛撒嬌，表情豐富，不管是震驚、委屈、開心還是難過，各種表情都能在「福寶」臉上找到。

愛寶樂園面向顧客進行首隻韓國誕生大熊貓的投票徵名活動，其中「福寶」一名象徵「帶來幸福的寶物」，以一萬七千多票位居第一。2021 年 1 月 4 日，「福寶」在愛寶樂園的「熊貓世界」首次公開亮相。

2024 年 4 月 3 日上午，「福寶」離開韓國，啟程返回中國，下午抵達成都。隨後，「福寶」入住熊貓中心臥龍神樹坪基地；6 月 12 日，「福寶」正式與公眾見面。

（照片來源：柚子君　攝）

「安安」：經驗豐富的「熊貓大使」

寶興，在清朝乾隆年間被稱為穆坪，今天是四川省雅安市轄縣。寶興，因國寶大熊貓而興。這裏是大熊貓的老家，是世界上第一隻大熊貓的科學發現地和模式標本產地，以大熊貓「五最」——顏值最高、發現最早、國禮最多、密度最大、國家公園佔比最高——聞名於世。

大熊貓在寶興的生存與繁衍史，也是寶興人民救助與保護大熊貓的歷史。

1986 年 10 月的一天，寶興縣永富鄉（今隴東鎮）永和村村民陳遠斌像往常一樣，背着背篼，帶上家裏的狗，一前一後上山工作。走到一處山腳的叢林地帶，忽然聽到前面的狗發出吠叫，陳遠斌憑直覺判斷前面有情況。他循聲快跑幾步，同時聽到一種類似黃連雞的叫聲傳來，這聲音稚嫩清晰，好像某種幼小的動物發出的聲音。剛跑過一個斜坡，忽然聽見前面有響動，他抬頭一看，只見一個黑白相間的「肉團」正從斜坡上滾下來，陳遠斌定睛一看，發現竟然是一隻大熊貓幼崽。不遠處就是山谷，要是滾下去就麻煩了——陳遠斌趕緊上前，一把將大熊貓抱住。這隻大熊貓渾身是

泥，應該還沒出生多久，連眼睛都還沒睜開，胸脯上下起伏，張着嘴不時發出「嘰嘰」的叫聲，顯然是餓了。陳遠斌顧不得工作，抱着髒兮兮的大熊貓在附近尋找了好一陣，也沒發現這隻大熊貓的母親，如果不及時救治，必定凶多吉少。他帶着大熊貓來到一處小溪邊，小心翼翼地將牠洗乾淨，然後抱回家，用米湯餵養一番之後，他聯繫了相關的管理人員崔學振。

1969 年，20 歲出頭的崔學振從北京林業大學畢業後，被分配到四川寶興，開始與大熊貓打交道，這一幹就是幾十年，退休前曾任四川省蜂桶寨國家級自然保護區管理局局長。他說，這輩子只幹了一件事，那就是保護大熊貓，他也因此被稱為「熊貓局長」。

當年得到陳遠斌的求助信息後，崔學振很快就和幾個工作人員趕到村裏，見到了這隻剛出生不久、虛弱不堪的大熊貓幼崽。經測量，這隻大熊貓幼崽體重約 1.7 公斤，身長約 26 厘米，尾長約 6 厘米。帶回寶興後，經過進一步檢查，才發現這隻大熊貓肚子裏的蛔蟲較多，加上缺乏營養，身體非常虛弱。崔學振和另外幾位工作人員為這隻大熊貓增加營養、灌藥驅蟲，在他們的晝夜照顧下，這隻大熊貓在短期內轉危為安並健康地成長。

這隻被救治於野外的野生幼年大熊貓，就是日後跟隨「佳佳」一起到香港海洋公園定居的「安安」。在研究人員的精心照料下，「安安」成長成一頭體格健壯、靈活好動、招人喜愛的大熊貓。

被救助兩年之後，即 1988 年，「安安」搬了兩次家：一次是 3 月 22 日，搬到熊貓中心居住；一次是 10 月，搬到寶興縣蜂桶寨自然保護區生活。隨後，「安安」開始了牠的「動物大使之旅」。

1990 年 9 月 19 日，4 歲的「安安」接到了第一個「大使」任務：與大熊貓夥伴「新興」一起，到新加坡萬禮動物園執行「旅遊觀光、展示風采」的任務。這可是大熊貓首次在東南亞地區展出，所以責任重大。

（香港海洋公園　提供）

萬禮動物園被認為是世界上風景最美的動物園之一，在這裏動物可以自由地在如自然棲息地一般的環境中漫遊。

事實證明，「安安」也不負眾望，在新加坡三個多月的展出中，萬禮動物園遊客數量達到了 45 萬。1991 年元旦，是「新興」「安安」在新加坡展出的最後一天，很多遊客專程趕來，只為最後看一眼這對來自中國的大熊貓。圓滿完成此次任務，「安安」於 1991 年 1 月 11 日回到熊貓中心，同時被人們冠以「熊貓大使」的美名。

從新加坡回國兩年後，憨態可掬、機敏可愛的「安安」又被安排了新的任務，於 1993 年 5 月 31 日前往深圳野生動物園。在「安安」到達深圳近四個月後，深圳野生動物園才於 1993 年 9 月 28 日正式開業。深圳野生動物園坐落於風景如畫的西麗湖畔，佔地面

（香港海洋公園　提供）

積約 64 萬平方米。這裏依山傍水，環境清幽宜人，得天獨厚的自然環境為動物提供了理想的棲息地。

在深圳野生動物園完成快五年的展出後，1998 年 8 月 13 日，「安安」終於回到位於四川的熊貓中心。

1999 年 3 月 11 日，「安安」迎來了牠的第三次長途任務，這次牠帶着更加光榮的歷史使命：與夥伴「佳佳」一起，乘坐專機，跨越千山萬水，到達香港，從此在海洋公園「安居樂業」，頤養天年，直到離世。

內地明星大熊貓

飛雲

大熊貓「飛雲」，雌性，2010 年 7 月 30 日出生於熊貓中心雅安碧峯峽基地，父親是「蘆蘆」，母親是「妃妃」。「飛雲」因其倉鼠臉型、微笑脣和花生眼而聞名，被譽為熊貓界的「萌妹代表」。

「飛雲」以其甜美的外貌和活潑的性格吸引了大量粉絲，被稱為「熊貓界的頂流女明星」。2012 年 9 月 21 日，「飛雲」與「金虎」「妙音」一起搬到大連森林動物園，成為「大連三寶」之一。

「飛雲」的生活習性也備受關注。牠曾因夜間不睡覺，趴在窗戶上向護理員索要食物而成為焦點；也曾因盪鞦韆、攀爬樹木、追逐蝴蝶，與大熊貓「金虎」和「妙音」共享美食、嬉戲打鬧的影片在社交平台上走紅。

（照片來源：梁一霄　攝）

第三章

在關愛裏慢慢成長

「佳佳」「安安」成為全球其中兩隻最長壽大熊貓，
「樂樂」「盈盈」成為香港首對大熊貓父母，
「安安」「可可」也終於在經歷了兩個多月的
隔離檢疫和環境適應後，
於 2024 年 12 月初正式與市民和遊客見面。
大熊貓給香港帶來了美好與歡樂，
香港也回贈給大熊貓以無微不至的關愛。

▲「樂樂」　（香港海洋公園　提供）

長壽大熊貓——

「安安」「佳佳」

我們在香港定居啦！

在香港海洋公園大熊貓展館裏，「安安」和「佳佳」被一堵高牆分隔而居，各自享受着寬敞的居室。

這兩間居所符合大熊貓獨居的習性，亦被巧妙地設計成小山坡的模樣，整體佈局模擬野生環境，力求還原大熊貓的自然棲息地。四周翠綠的植物挺拔而立，為這個小天地增添了幾分生機與活力。

初到香港的「安安」和「佳佳」，需要在展館接受隔離的同時，進行適應性訓練。首先是適應語言，「安安」「佳佳」自幼生活在四川，平日裏聽到的都是四川話，所以初到香港時，牠們對於海洋公園護理員使用的廣東話和英語自然感到陌生。尤其是對於牠們的名字，由於從小到大已經習慣了四川話特定的叫法，牠們回應這種叫法的反應是最迅速的。

現任海洋公園海濱樂園動物部助理館長的胡綺琪覺得，雖然動物不可能聽得懂任何語言所蘊藏的涵義，但牠們絕對聽得出護理員説話的語氣。「四川話和廣東話的語調有所不同，牠們聽慣了四川話的語調，最初我們改用另外一種語言來稱呼牠的時候，牠可能反應未必有那麼快。因此，我們有時也會用四川話的『佳佳』『安安』來呼喚牠們。在日常互動或訓練時，當我們用廣東話與牠們交流，或者在某些訓練中使用英語指令，如『sit down』，牠們都會學習，慢慢地開始適應『這個聲調、這種語氣代表甚麼意思』。」胡綺琪說。

其他訓練還包括目標棒及分房，讓牠們聽取基本指示，走進不同房間，以便日後可在無需麻醉的情況下接受醫學檢查。相比年幼的大熊貓，「安安」「佳佳」學習時間更長一些，前後共學習三週才完全適應。

胡綺琪負責照顧的第一隻大熊貓就是「佳佳」，聽護理員說「佳

▲ 2000 年，「香港賽馬會大熊貓園」的內部環境 （香港海洋公園　提供）

◀「佳佳」在海洋公園健康成長

（香港海洋公園　提供）

佳」很認人，不太容易跟牠拉近關係。當意識到這一點的時候，胡綺琪就明白，親近的關係需要時間去慢慢建立。在這種信念的使然下，胡綺琪當時用了很多時間每天幫牠護理，為牠收拾房間，餵牠吃東西。通過慢慢觀察，胡綺琪發現「佳佳」喜歡護理員為牠撓背部，當有一天「佳佳」主動來找她、靠近她，做出讓她幫忙撓背的示意動作時，胡綺琪至今記憶猶新：「那一刻的記憶真的非常深刻，因為牠終於都認同我了。」

正是因為護理員很疼愛牠們、尊重牠們，才知道牠們喜歡甚麼、不喜歡甚麼，也才令護理員照顧牠們的時候可以做得更到位。

「安安」「佳佳」在香港安然居住的事實，無疑是對大熊貓適應能力的一次有力證明。只要能夠為大熊貓提供合適的生活環境和高水平的護理，與牠們建立互信關係，牠們完全可以在人類照顧下很好地生活。

我們在香港過得很開心

適應園區的生活後，「安安」「佳佳」便展現出了自己的聰明才智。比如「佳佳」，雖然剛來時聽不懂護理員的話，但牠在護理員耐心教導下，逐漸適應廣東話、普通話、英語三種語言的指令。

雖然「安安」「佳佳」都已經是步入中老年的大熊貓了，但在護理員的眼中，牠們依舊還是可愛的傻小子、大姑娘。為了適當地增加兩隻大熊貓的運動量，海洋公園沒少花心思。有一次護理員把「安安」愛吃的食物放到水中，「安安」看到水就走開了。正當護理員以為「安安」不受食物的誘惑時，沒走幾步的牠卻突然轉身，粗魯地把水拍散，抓起食物就開心地吃了起來。

但「安安」也不是一隻看到食物就甚麼都不管的大熊貓，當牠遇到不喜歡的食物時，還是堅決不委屈自己的胃。大部分在人類照顧下生活的大熊貓都喜歡吃西瓜，所以海洋公園也曾為「安安」準備過西瓜。看到「安安」低着大腦袋仔細地聞食物的味道，護理員還以為牠要吃呢，結果牠抓起西瓜就往腦袋上蓋，還掛着滿臉的西瓜汁朝着護理員咧嘴大笑。

「安安」作為護理員眼中的傻小子，趣事自然不止一件。據曾照顧過「安安」的胡綺琪回憶：「『安安』比較隨性、邋遢，吃竹子經常吃得滿地都是，清理牠的房間可不容易。」而且「安安」能吃能睡，經常吃着吃着就睡着了。但這一點可不能只說「安安」一隻熊貓，畢竟能吃能睡是所有大熊貓的天性。

「安安」「佳佳」兩隻大熊貓的性格非常不同。「安安」很隨性，喜歡吃東西，喜歡將東西扔得到處都是；相反，「佳佳」非常愛整齊，也很愛吃，吃得很有條理，吃竹子總是先拿起一根，吃完放下，然後再拿起第二根，甚至連食物放在甚麼位置都很仔細，很斯文。

安安（已故）

（香港海洋公園　提供；Matt Leung　攝）

安安（已故）

（香港海洋公園　提供；Matt Leung　攝）

大熊貓知識問答

大熊貓有沒有攻擊性？

大熊貓雖然看上去較溫馴，但並不意味着沒有攻擊性。平均一百公斤的體重，在野外的樹林裏能以最快每小時四十公里的速度狂飆，一口氣能爬上二十多米高的大樹，成年大熊貓的牙齒咬合力更是介乎獅子和美洲豹之間。

海洋公園有很多不同品種的竹子提供給大熊貓，而大熊貓又是一種比較挑食的動物，胡綺琪和她的團隊每天都會討論：牠昨天有甚麼東西可能不太喜歡吃？今天給牠換甚麼新鮮的食譜？有時候，甚至會直接「詢問」大熊貓：「今天你想吃哪種竹子啊？」——就像跟老朋友聊天一樣。大熊貓既是護理團隊的工作夥伴，也是朋友、家人，他們每天到達館舍，第一時間就是向大熊貓問好，說聲「早上好，起牀了嗎？」然後再去換衣服，開始準備每天的工作。大熊貓在護理團隊的生活中佔據極其重要的位置。

當「佳佳」的年齡越來越大，牠就像老人一樣吃不好、睡不好，護理員就哄牠：「佳姐，吃東西啦——」「你為甚麼不吃啊——」在護理員的眼裏，牠是一個「元老級」的大熊貓，也是一位「英雄母親」，生過五胎六子，所以牠有很崇高的地位，護理員都稱牠是「佳佳婆婆」。「佳佳」在動物界是一個神級般的存在。

大熊貓的家庭世界

大熊貓為甚麼會成為稀有的國寶？這某種程度上跟牠們繁殖率較低有關。所以人類為了保護大熊貓這個可愛的物種，一直致力於大熊貓的繁衍生息。

大熊貓的繁殖能力低，主要表現在這樣幾個方面：

一是大熊貓一般在春季大概 3 月至 5 月發情，而雌性的最佳受孕時間通常不超過三天；發情期短，未必能在短時間內找到心儀配偶交配。二是胚胎存在延遲着牀現象，所以大熊貓的懷孕週期在 72 天到 324 天不等。三是幼崽存活難。

大熊貓體型比較大，而腹中胎兒太小，即使受人類照顧，也很難用超聲波觀察到。另外，通過激素水平作為大熊貓是否懷孕的檢測指標也不夠可靠。

佳佳

安安（已故）

（香港海洋公園　提供）

其實，大熊貓的家庭世界，與人類有着很大的不同。

大熊貓是獨居動物，有自己的活動領域。成年大熊貓在交配繁殖季節以外，基本上不會與其他大熊貓見面、交流。而在每年春季的繁殖期，大熊貓會通過鳴叫、留下氣味標誌等方式求偶，而且交配的對象可能並不限於單一異性。即使在繁殖期見面交配，乃至成為爸爸、媽媽之後，牠們也不需要承擔照顧彼此的責任。而撫育孩子的重任，由大熊貓媽媽獨力負責，直至大熊貓寶寶長大至 1 歲半左右，寶寶就會離開媽媽，尋找合適的地方建立自己的活動領域。

「安安」是雄性，「佳佳」是雌性，按理說，牠們在香港對於彼此來說都是唯一的同類，成為「一對」是順理成章的，但問題就在於：牠們的年齡相差懸殊！

「安安」來港時 12 歲（相當於人類的 36 歲壯年），正值青春年華，而「佳佳」來港時已經約 20 歲（相當於人類的 60 歲高齡），已邁入老年。因此，海洋公園的護理員並沒有安排「佳佳」與「安安」繁殖。

在來到香港之前，「佳佳」就已經是一位經驗豐富的母親了。「安安」則在 18 歲那年（相當於人類 54 歲），才終於在人工授精的幫助下，與另一隻身處熊貓中心卧龍核桃坪基地的雌性大熊貓「茜茜」誕下了兒子「融融」。

內地明星大熊貓

七仔

大熊貓「七仔」，雄性，出生於 2009 年，秦嶺棕白色大熊貓，是目前全球唯一一隻在人類照顧下生活的棕白色大熊貓，因其罕見的棕白毛色而成為「寶中之寶」。現居住於陝西省西安市周至縣的秦嶺四寶科學公園。

2009 年 11 月 1 日，「七仔」被發現於陝西佛坪國家級自然保護區三官廟牌坊溝一帶，是科學家發現的第七隻棕白色大熊貓。牠因圓頭圓腦，形似電影《長江七號》裏的外星寵物「七仔」而得名，人稱「巧克力熊」。

2019 年 11 月 20 日，熊貓國際組織（Pandas International）宣佈終身認養大熊貓「七仔」。

（照片來源：梁一霄　攝）

香港首對大熊貓父母——

「樂樂」「盈盈」

我們叫「樂樂」和「盈盈」

大熊貓身披黑白相間的柔軟毛髮，有着圓乎乎的腦袋、軟綿綿的耳朵、圓滾滾的身體，走起路來搖搖晃晃，彷彿每一步都踏着歡樂的節拍。那雙標誌性的黑眼圈，不僅讓牠們看起來更加呆萌，也彷彿在訴説着無盡的故事。

初到香港的「樂樂」「盈盈」還是不到 2 歲的小寶寶，正值大熊貓最可愛的時期，牠們憨態可掬的模樣，一下子就俘獲了大眾的心。

兩隻小國寶在熊貓中心時只有編號，還沒有名字，「樂樂」「盈盈」這兩個好聽的名字是香港送給牠們的抵港禮物。説到「樂樂」「盈盈」這兩個名字，還有一段故事。

2007 年，香港為即將到來的兩隻大熊貓徵集名字，市民爭先參與，當時共收集了六千七百對名字。4 月，金庸（本名查良鏞）受邀參與為贈港大熊貓命名的評審委員會，與其他四位委員共同肩負起為這兩隻大熊貓選擇最佳名字的重任。

然而，在評審會進入尾聲之際，金庸因故未能親臨現場，但他仍然鄭重地寫下一張紙條，傳達自己的意願。金庸精心挑選了「樂樂」與「盈盈」這兩個名字，並闡述了三個理由：首先，這兩個名字寓意深遠，象徵着香港的歡樂與豐盈，體現了市民對社會和諧、經濟繁榮的美好願景；其次，牠們的發音悦耳動聽，琅琅上口，易於傳頌；最後，這兩個名字簡潔明瞭，不僅易於市民理解，也便於兒童記憶。

最終，大熊貓的名字正式揭曉，正是「樂樂」與「盈盈」。

我們適應能力超棒的

一般來説，動物到新的環境都會有一個適應的過程。在這個過程中，大多數動物都會有不同程度的應激反應，可能表現出異常行為，例如躲藏、逃避、攻擊性增強等；同時也會出現神經系統反

▲到處攀爬的「樂樂」（左）和「盈盈」（右）　（香港海洋公園　提供）

應，比如血壓升高、呼吸急促等。應激反應是動物應對外界刺激的本能反應，但過度的應激反應則可能會影響動物的身體健康，導致免疫力下降，容易感染疾病。

「樂樂」「盈盈」抵達海洋公園後，很快就自行從運輸箱裏爬出來，東嗅嗅，西看看，一個小時後就開始進食。果然「天大地大，吃飯最大」，就算對新環境感到不適應，那也是吃飽之後才有精力考慮的事情。

接下來，兩隻大熊貓要接受一系列的「特訓」，以適應新的環境。首先便是適應牠們的新名字——「樂樂」和「盈盈」。

在熊貓中心時，護理員都愛叫兩隻大熊貓寶寶做「乖乖」，「樂樂」「盈盈」這兩個新名字顯然不是牠們所熟悉的稱呼。海洋公園的護理員為了讓大熊貓寶寶快點記住自己的新名字，他們不再叫兩隻大熊貓「乖乖」，而是用普通話一遍遍地喊「樂樂」「盈盈」。「盈盈」對新名字的反應較好，一般叫三四聲就有反應，而「樂樂」就常常要叫四五聲才肯慢悠悠地給點反應。待「樂樂」「盈盈」逐漸適應普通話後，牠們後期還得學會聽廣東話和英語的呼喚。

此外，「樂樂」「盈盈」還需要接受目標棒、分房等護理訓練，旨在便於平日護理，並通過訓練監察牠們的健康狀況。與前輩「安安」「佳佳」相比，「樂樂」與「盈盈」更年輕，對於行為訓練的接受度更快，就連護理員都不禁感歎牠們的學習能力。

適應護理員指令的同時，「樂樂」「盈盈」還得適應新居。海洋公園參照大熊貓生存的野外環境，為牠們精心佈置了新家。海洋公園的獸醫團隊還定期對「樂樂」與「盈盈」進行健康檢查，確保牠們的身體狀況在新環境中保持良好。

護理員有好好照顧我們呢！

在晨光初現的清晨，海洋公園的寧靜被護理員溫柔的呼喚打破，活潑可愛的「樂樂」「盈盈」開啟了牠們幸福快樂的一天。

經驗豐富的護理員會在護理訓練期間請「樂樂」「盈盈」張開小嘴，檢查牙齒的狀態，確保這對小寶貝的口腔健康無虞。緊接着，護理員伸出手掌，輕輕覆蓋在「樂樂」與「盈盈」的前臂上，利用無創血壓監測技術，為牠們量測當日的血壓值。每一個細微的動作，都蘊含着對生命的尊重與呵護，也是「樂樂」「盈盈」新一天的温馨啟程。

完成每日的體檢程序後，「樂樂」與「盈盈」彷彿被賦予了無限的活力，牠們迫不及待地開始吃飯、睡覺、玩耍的循環日常，時而靈活地攀爬樹木，時而愜意地在草地上打滾嬉戲。

1 歲多的年紀，正是大熊貓幼崽生命力最為旺盛的時期，牠們就像兩顆滾動的糯米糰子，充滿了對世界的好奇與探索慾。那份屬於小動物的質樸快樂感染着周圍的每一個人，為海洋公園增添了不少生機。

作為一個動物護理員，胡綺琪教會「樂樂」和「盈盈」的第一個護理行為就是張口讓她檢查牙齒，她認為這是自己職業生涯中的里程碑。「樂樂」「盈盈」從最初完全不懂得如何張口，到後來能夠主動配合指示，打開嘴巴讓她檢查牙齒，她因此覺得特別開心，很有成就感，那也是「樂樂」和「盈盈」留給她最深刻的片段。

為了豐富「樂樂」與「盈盈」的生活，海洋公園的動物護理團隊精心設計出各式各樣的玩具。其中，一個大水桶成為了這兩隻大熊貓的新寵。護理員將水果浸泡在水中，這不僅增加了取食的難度，也激發了「樂樂」與「盈盈」的探索慾。「樂樂」喜歡玩水，牠毫不猶豫地一屁股坐在水桶旁，用牠那胖乎乎的小腳輕輕撩動水

▲「樂樂」(左)「盈盈」(右) 在香港第一次度過萬聖節　　(香港海洋公園　提供)

面。不久，「樂樂」便成功將水果撈出水面，津津有味地品嚐起來。而原本在一旁靜靜觀看的「盈盈」，看到「樂樂」的成功，也按捺不住內心的好奇與渴望，學着「樂樂」的樣子，小心翼翼地加入這場「尋寶之旅」。

「樂樂」與「盈盈」是連接香港與內地、人與自然、過去與未來的美好橋樑，在海洋公園這個充滿愛的大家庭裏，牠們不僅享受着無憂無慮的生活，更在不斷地成長與蛻變，牠們在香港的精彩「熊生」才剛剛上演。

大熊貓知識問答

如何通過外貌特徵辨認大熊貓？

通過下列這些特徵，可以較為容易地辨認出不同的大熊貓：

毛色：主要是黑白色，但也有稀有的特殊顏色熊貓，如棕白色和白色，居於陝西的「七仔」就是目前全球唯一一隻在人類照顧下生活的棕白色大熊貓。

耳朵形狀：每隻大熊貓的耳朵形狀都是獨一無二的，如已故的「安安」耳朵較大且耳距偏大。

眼圈形狀：大熊貓的眼圈也有細微的差別，如「盈盈」的眼圈呈「8」字形，「樂樂」的眼圈較圓。

肩帶形狀：指大熊貓背部的黑色肩帶，每隻大熊貓的肩帶形狀、大小都不一樣，如「安安」的肩帶較大，呈梯形。

體型和姿勢：大熊貓的體型和姿勢也有助於辨認。例如，居於四川的「和花」身材短胖，坐着的時候看起來像一個沒脖子的等邊三角形，這使得牠在眾多熊貓中特別顯眼。

頭骨和牙齒：不同地區的大熊貓在頭骨和牙齒上也有差異。例如，秦嶺大熊貓頭骨偏小，牙齒偏大，頭型像貓科動物，而其他山系的大熊貓頭骨較大，牙齒較小，頭型像熊類動物。

樂樂

（香港海洋公園　提供）

努力孕育記

做爸爸媽媽怎麼就這麼難呢？

2007 年，「樂樂」和「盈盈」剛到港的時候還不到 2 歲，可以離開母親獨立生活，但還未到性成熟的階段。到 2011 年左右，「樂樂」和「盈盈」都長大成為成年大熊貓，海洋公園開始進行與繁殖有關的準備工作。

眾所周知，大熊貓人工繁育曾經是一項世界級的技術難題，需要經過護理員的不懈努力，才有成功的可能。為了「盈盈」和「樂樂」能夠繁育，工作人員也是煞費苦心。

在這個階段，熊貓中心和海洋公園密切合作，互派專家，在動物配種、動物的人工授精等方面進行深入交流。

「盈盈」四五歲的時候開始出現假孕現象，彷彿是自然界的微妙預告，預示着牠正逐步邁向生命中一個嶄新的階段——「青春期」。與此同時，「樂樂」也出現強烈的探索行為。這一時期，「樂樂」「盈盈」不僅身體機能成熟，也展現出對繁衍後代的渴望與準備。

於是從 2011 年開始，護理員便開始安排「樂樂」「盈盈」於繁殖期見面，希望牠們能自然交配。然而，世事往往不遂人願。「樂樂」「盈盈」多次嘗試過自然交配及人工繁殖，但始終未能成功產子。

護理員在大熊貓繁殖季前訓練「樂樂」

努力十三年，我們終於有寶寶啦！

每年海洋公園的工作人員都會做很多不同的預案，希望可以成功繁育出香港的大熊貓寶寶。

2020 年 4 月 6 日，春意盎然的海洋公園內，陽光透過樹葉的縫隙，灑在大熊貓展館的每一個角落。這一天，「樂樂」與「盈盈」在護理員再一次的翹首期盼中，首次成功完成了自然交配。這讓在場的護理員激動不已，他們終於看到了「樂樂」「盈盈」自然繁殖的希望。

時光荏苒，轉眼間到了 2024 年，春風再次吹綠香港大地，也吹來了「盈盈」與「樂樂」再次成功自然交配的好消息。這一次，牠們之間的默契與配合更加嫻熟。

完成交配後，接下來便是漫長的等待。護理員精心照顧着「盈盈」的生活，仔細觀察着牠的一切反應。終於在 7 月末的一天，「盈盈」的身體開始出現了一系列微妙的變化。牠的食慾逐漸減退，對平日最愛的竹子也失去了往日的熱情；同時，休息時間明顯增加，常常蜷縮在樹蔭下一動不動。

這些細微的變化，讓護理員敏鋭地察覺到「盈盈」很可能懷孕或是出現了假孕現象。為了確認這一消息，海洋公園獸醫團隊與熊貓中心的頂尖專家開始對「盈盈」進行超聲波檢查。他們利用先進的超聲波掃描技術，仔細地觀察着「盈盈」腹中的情況。隨着屏幕上圖像的逐漸清晰，一個令人振奮的消息傳來——「盈盈」確實懷孕了！

為了確保「盈盈」在孕期得到充足的營養與良好的照顧，海洋公園特別為牠量身定製了一份「孕婦食譜」。這份食譜不僅包含新鮮可口的水果、鮮嫩多汁的竹子，護理員還特別從四川買來營養豐富的竹筍。護理員每天都會精心準備這些食物，並觀察「盈盈」的進食情況，及時調整食譜以滿足牠的需求。

盈盈

（梁一霄 攝）

此外，海洋公園還加強對「盈盈」生活環境的監控與保護。護理團隊與熊貓中心的專家溝通協調，積極準備產前和產後工作，包括產房的選擇、產房環境的佈置以及温控系統的調整；同時，還暫停對外開放展館，限制展館附近進行的工程，防止噪音等外界因素對「盈盈」造成不必要的干擾。

在這個充滿愛與關懷的環境中，「盈盈」安心地孕育着新生命。

「港產」龍鳳胎

龍鳳胎寶寶誕生記

2024 年 8 月 14 日，大熊貓「盈盈」開始頻繁活動，情緒也變得更加焦躁緊張，牠的一舉一動都預示着臨盆的臨近。

夜幕降臨，大熊貓館內靜悄悄的，只有「盈盈」那略顯沉重的呼吸聲和偶爾傳來的輕微騷動，打破了夜的寧靜。大約在晚上 10 時，隨着一陣微弱的響動，「盈盈」的羊水終於在這一刻破裂，宣告着新生命的誕生即將拉開序幕。然而，對於初次成為母親的「盈盈」來說，更多的是不安與緊張。牠躺在地上，身體不停地扭動，試圖找到一個最舒適的姿勢來迎接這未知的挑戰。

護理員與專家早已嚴陣以待，他們深知大熊貓生產的不易，尤其是像「盈盈」這樣缺乏生產經驗的母親。他們儘量給予隱密的空間，讓「盈盈」不被打擾，專心地分娩。

時間一分一秒地過去，終於，在次日凌晨 2 時 05 分，隨着一聲清脆的啼叫，一隻體重約為 122 克的雌性大熊貓幼崽順利誕生。「盈盈」幾乎是在第一時間就將這隻新生的幼崽含在口中，那是一個母親對孩子最原始、最本能的愛。

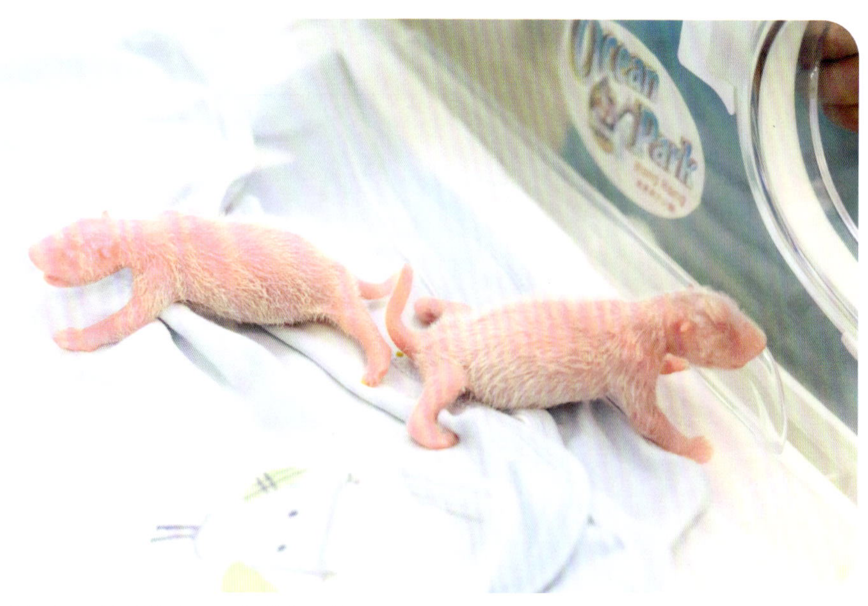

▲「盈盈」剛剛誕下的大熊貓龍鳳胎　　（香港海洋公園　提供）

大熊貓知識問答

你知道大熊貓是有尾巴的嗎？

大熊貓在剛剛出生時，尾巴比較明顯，與體長比例約為 1:4，尾巴上覆蓋着濃密的白毛；成長過程中，牠的尾巴慢慢減緩生長，主要是寬度有所增加，因此逐漸變得不那麼顯眼。成年大熊貓的尾巴與體長比例達到 1:10，尾巴緊貼着臀部，並被蓬鬆的毛髮遮蓋住，因此平時都不太起眼。值得一提的是，由於大熊貓是通過氣味標記的方式確定自己領地區域，牠們之間也是通過標記氣味來識別對方的身份。大熊貓的腺體位於尾巴下面，在進行氣味標記的過程中，尾巴起到刷子的作用，能夠使氣味標記擴散得更寬廣。

「盈盈」誕下第一隻幼崽後，還有持續的子宮收縮反應，因此專家和護理團隊絲毫沒有放鬆，繼續加強觀察。

護理員與專家一邊繼續安撫「盈盈」的情緒，一邊密切關注着牠的身體狀況。經過一個多小時的努力，「盈盈」終於在凌晨 3 時 27 分再誕下一隻體重約為 112 克的雄性大熊貓幼崽。

龍鳳胎順利誕生了，這一刻，整個大熊貓館內都充滿了喜悦的氣氛。大熊貓的繁殖能力相對較低，每胎通常只能產下一至兩隻幼崽，且成活率也不高。因此，「盈盈」能夠成功誕下兩隻健康的幼崽實屬不易。

「盈盈」在她 19 歲生日前一天，即 18 歲（相當於人類約 54 歲）成功誕下龍鳳胎，也創下了全球大熊貓最年長初次產子的紀錄。經過熊貓中心和海洋公園護理團隊的努力，終於取得了可喜的成果。

剛出生的大熊貓幼崽面臨着諸多生存挑戰。牠們的身體太小，未能自行調節體温，需要通過母親的懷抱來保持温暖。不過，牠們的叫聲卻相當響亮。此外，由於消化系統尚未發育完全，牠們的進食量也相對較少，這更增加了照顧的難度。

「樂樂」雖然是龍鳳胎寶寶的爸爸，但大熊貓爸爸並不會與自己子女見面相處，不會幫助撫養。在這樣的情況下，護理團隊的工作變得更加繁重而細緻。他們不僅要密切關注幼崽的身體狀況，及時調整護理方案；還要悉心照顧「盈盈」產後虛弱的身體，為牠特製營養的月子餐，幫助其恢復身體，促進母乳產生。

雖然大熊貓繁殖不易，幼崽生存更不易，但我們相信，有了護理員的無私奉獻和社會各界的共同努力，「盈盈」的龍鳳胎寶寶一定會幸福地茁壯成長。

雙胞胎姊弟都在認真長大

龍鳳胎寶寶出生時沒有名字，護理團隊就直接根據牠們的出生順序，親切地稱呼牠們「家姐」與「細佬」。

剛出生的兩姊弟體重只有一百多克，牠們的皮膚呈現出柔和的粉紅色，上面覆蓋着一層稀疏的白毛。牠們身體非常脆弱，需要時間穩定，特別是姊姊，出生後體温較低、叫聲較弱、進食量較低，剛出生就進了保温箱。本來大熊貓幼崽出生後需要媽媽抱在懷裏給牠們保温，但「盈盈」沒有帶孩子的經驗，又是虛弱的高齡產婦，所以護理團隊在評估兩姊弟和「盈盈」的狀況後，決定暫時由護理團隊及熊貓中心的專家提供二十四小時加護照顧。

照顧如此脆弱的生命，護理團隊必須付出十二分的耐心與細心。他們深知，對於這對大熊貓幼崽而言，穩定的環境與細緻的照料是牠們存活的關鍵。於是護理團隊廿四小時守護着兩姊弟，給牠們測體温、測體重、餵奶、排便，任何環節都不敢懈怠。

隨着時間的推移，兩姊弟在護理團隊的精心照料下逐漸穩定了下來。牠們的體重開始穩步增長，進食量也逐漸增加，排便情況也趨於正常。這一切的變化都讓護理團隊感到無比欣慰與自豪。

不過護理團隊可沒想過要一直幫「盈盈」帶孩子，他們明白，對於大熊貓幼崽而言，只有回到母親的懷抱中才能真正地健康成長。

為了讓「盈盈」多練習照顧寶寶，專家和護理團隊已逐步增加「盈盈」親自照顧寶寶的時間，而「盈盈」的育幼行為亦不斷進步。為了確保「盈盈」能夠順利地接受這兩個小生命並承擔起照顧牠們的責任，護理團隊特意為牠準備了沾上寶寶氣味的公仔。這些

▲初生大熊貓皮膚呈粉紅色，身體表面覆蓋着一層白毛 （香港海洋公園 提供）

公仔不僅可以讓「盈盈」持續接觸到龍鳳胎的氣味從而維持親子聯繫，還可以讓護理團隊觀察評估「盈盈」接觸氣味布偶的行為，通過觀察「盈盈」對這些公仔的反應，護理團隊可以初步判斷「盈盈」是否已經做好了照顧孩子的準備。

隨着「盈盈」體力的逐漸恢復，牠開始更加主動地照顧這對雙胞胎寶寶。牠會整天抱着其中一個寶寶，寸步不離地整理毛髮及餵哺，護理團隊則會幫助照顧另一個寶寶，並且定期交換，確保兩個寶寶都獲得足夠的關愛和照料。

▲護理員為「盈盈」準備了沾上寶寶氣味的公仔，幫助牠熟習雙胞胎寶寶，建立親子聯繫

（香港海洋公園　提供）

新手媽媽「盈盈」照顧孩子

護理員為大熊貓寶寶
磅重、餵奶、掃風

▲護理員協助照顧大熊貓寶寶　　（香港海洋公園　提供）

在護理團隊和「盈盈」的共同努力下，兩姊弟茁壯地成長着。牠們的身體逐漸變得強壯，毛髮也變得更加濃密而富有光澤。更令人欣喜的是牠們開始逐漸展現出大熊貓特有的形態特徵：黑色的耳朵、眼圈、小腿和肩帶，這讓牠們看起來更加可愛、迷人。出生僅四十天後，牠們就已經擁有了可愛的大熊貓模樣。

在「盈盈」和護理團隊的悉心呵護下，兩姊弟正健康成長，現在已經睜開眼睛，長出牙齒，學習走路……相信接下來，還會帶給我們無盡的歡樂和驚喜。

大熊貓知識問答

幼崽被大熊貓媽媽叼住會受傷嗎？

大熊貓媽媽通常會咬住幼崽的後頸皮，幼崽不會感到疼痛，不會受傷，這種行為在動物界中很常見。大熊貓媽媽叼幼崽的原因主要是為保護幼崽的安全。大熊貓幼崽非常小，甚至不能睜開眼睛，完全依賴母親生存。為躲避天敵和確保幼崽的安全，母親會叼着幼崽移動。

大熊貓的脖子內有一根神經，在受到外部刺激時能夠傳遞信號。當神經向大腦傳遞鎮定信號後，身體會立馬做出心跳減速等反應。所以，當大熊貓媽媽在叼寶寶時，寶寶只會感到安心，並不會害怕。

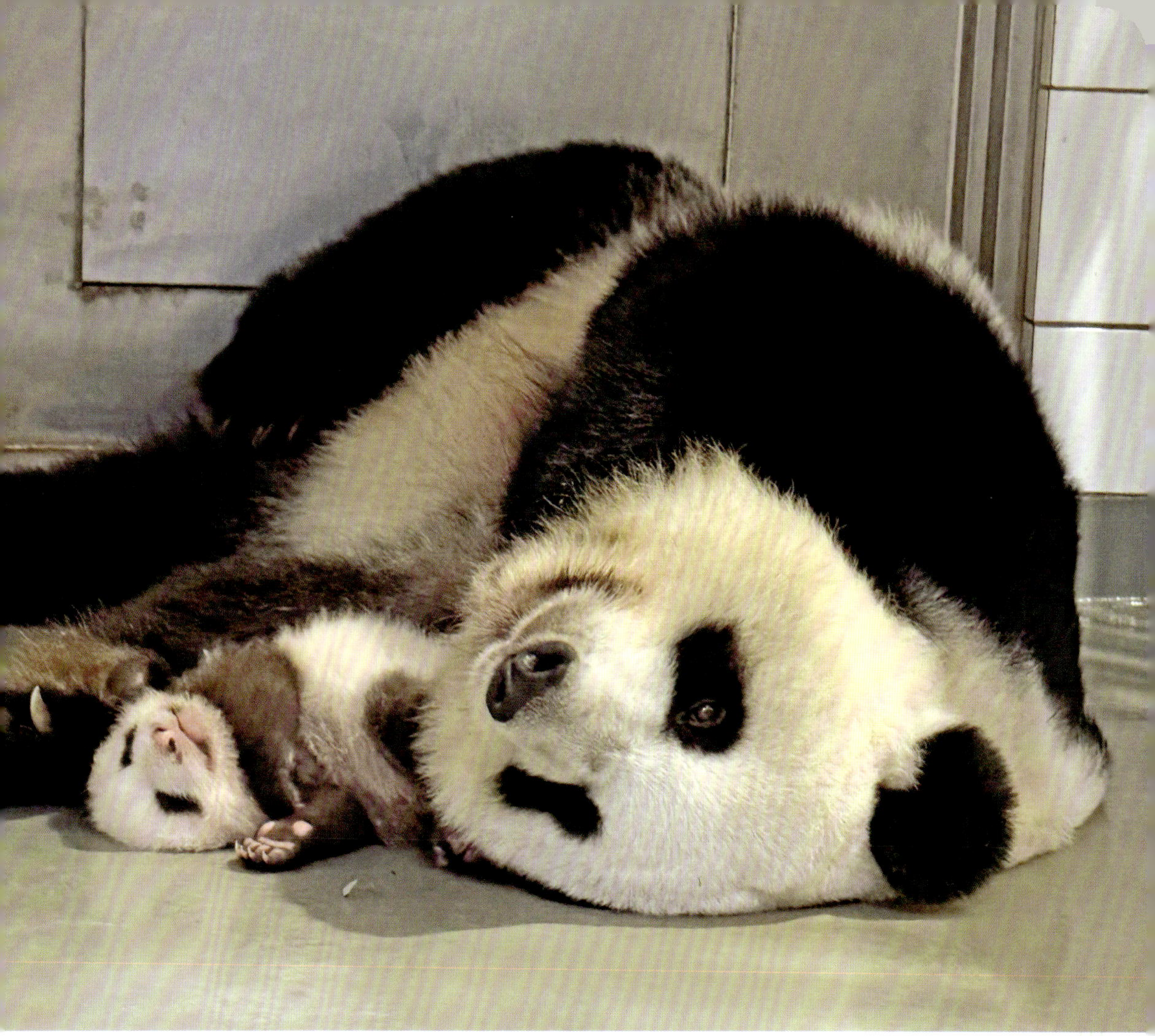

▲「盈盈」與雙胞胎姊姊

（香港海洋公園　提供）

「盈盈」將雙胞胎弟弟叼進懷裏

大熊貓龍鳳胎寶寶

成長記錄

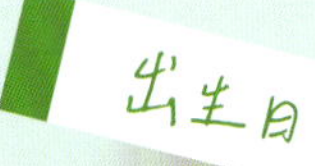

雙胞胎姊姊體重：約 122 克

雙胞胎弟弟體重：約 112 克

媽媽「盈盈」創下全球大熊貓最年長初次產子紀錄，整個生產過程歷時逾五個小時。兩姊弟非常脆弱，需要時間穩定，特別是姊姊，出生後體温較低、叫聲較弱、進食量較低。

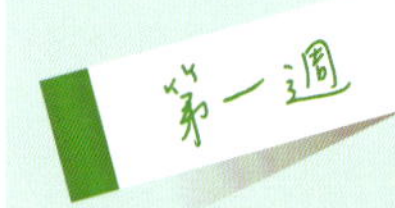

雙胞胎姊姊體重：約 172 克

雙胞胎弟弟體重：約 168 克

在熊貓中心專家和海洋公園護理員的廿四小時監護下，兩姊弟的體重、進食、排便情況都趨於穩定。大熊貓寶寶每日進食六餐，每次最多可以喝下約 10 毫升乳汁。此後，兩姊弟的食量逐步增加。

姊姊

弟弟

（照片來源：香港海洋公園　提供）

第二週

雙胞胎姊姊體重：約 328 克

雙胞胎弟弟體重：約 278 克

兩姊弟粉嫩的小身軀正在慢慢長出黑色斑紋，不過寶寶依然需要依賴「盈盈」和專家護理團隊的悉心照料。隨着「盈盈」體力的逐漸恢復，牠也更主動地照顧雙胞胎寶寶。例如會整天抱着其中一個寶寶，寸步不離地整理毛髮及餵哺，四川和香港兩地的專家也會定期交流經驗，確保兩個寶寶都獲得足夠的關愛和照料。

姊姊　弟弟

滿月

雙胞胎姊姊體重：約 910 克

雙胞胎弟弟體重：約 814 克

兩姊弟身上的毛髮開始變得濃郁，黑白相間的「熊貓樣」漸漸顯露。牠們也開始可以自行調節體溫，慢慢適應離開保温箱的生活。

姊姊

弟弟

（照片來源：香港海洋公園　提供）

雙胞胎姊姊體重：約 5.3 公斤
雙胞胎弟弟體重：約 5.5 公斤

百日

2024 年 11 月 23 日，兩姊弟迎來出生百日。海洋公園舉行「大熊貓雙胞胎百日慶」慶祝活動，向入園市民和遊客贈送紅雞蛋和豬腳薑醋，播放兩姊弟的實時直播畫面。

（照片來源：香港海洋公園　提供）

香港市民的期待——

「安安」「可可」

2024 年 9 月 26 日，香港再次沉浸在一片歡騰之中，這一天不僅是全香港市民翹首以盼的幸福時刻，更是內地與香港之間深厚情誼的又一次見證。繼「安安」「佳佳」與「樂樂」「盈盈」之後，中央又再贈送給香港一對大熊貓——「安安」「可可」。

可可

（香港海洋公園　提供）

為了確保這對「新居民」的舒適與安全，海洋公園自 7 月起便密鑼緊鼓地展開了全方位的籌備工作。園方不僅模擬四川的自然環境，精心設計了寬敞明亮的場館，還特意派遣經驗豐富的護理員前往熊貓中心卧龍神樹坪基地，與「安安」「可可」進行深入的交流與互動，希望牠們在抵達香港前就能與護理員建立起良好的關係。

海洋公園的大熊貓護理員於 2024 年 7 月啟程趕赴四川，與熊貓中心的專家及護理員深入交流，熟悉和掌握兩隻大熊貓的性情特徵、生活習性、食物偏好等，並與兩隻大熊貓建立信任。待兩隻大熊貓習慣其聲音、氣味、存在後，護理員就和牠們一起進行基本護理訓練，令牠們對護理上的陌生程序及用具沒那麼敏感，在專業術語上這叫「脱敏訓練」。

考慮到大熊貓對食物的挑剔，海洋公園更是煞費苦心。園方提前兩個月從廣州運送新鮮的竹子到四川，供「安安」「可可」試吃，希望牠們逐漸適應香港新居使用的飼料。

▼▶海洋公園的護理員前往四川與「安安」（左）「可可」（右）進行訓練

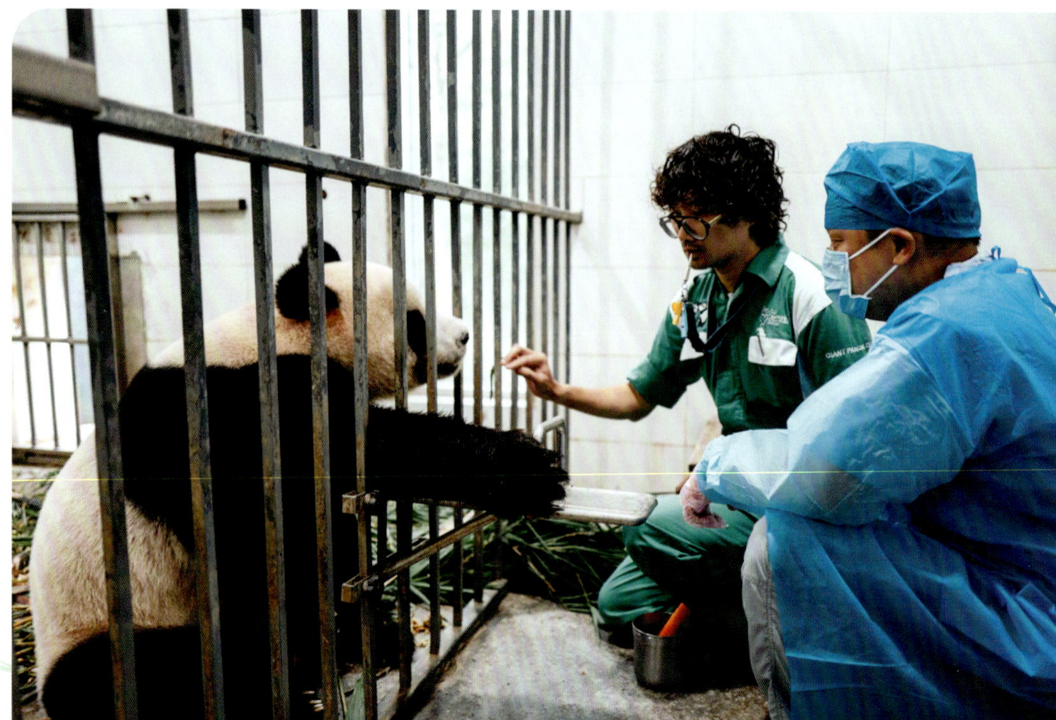

「安安」「可可」前往香港新家的同時，位於廣州從化鰲頭鎮的農場裏，工人正加緊採摘竹子。這些新鮮竹子通過專車運往香港，「安安」「可可」和「樂樂」「盈盈」都可以享用來自大灣區的新鮮美食。

為進一步弘揚大熊貓文化並加深市民對這對「新居民」的了解與喜愛，香港特區政府文化體育及旅遊局隨後宣佈在 10 月啟動了「大熊貓命名比賽」，引發廣大市民熱心參與。

2024 年 12 月 7 日，特區政府於海洋公園舉辦「大熊貓亮相儀式」，公佈兩隻大熊貓繼續採用原名「安安」「可可」。「安」有平安之意，象徵香港未來安定平安，「可」則代表香港未來有無限可能性。兩隻大熊貓也可組成「安可」組合，寓意香港未來好事繼續「安可」，接踵而來。

（香港海洋公園　提供）

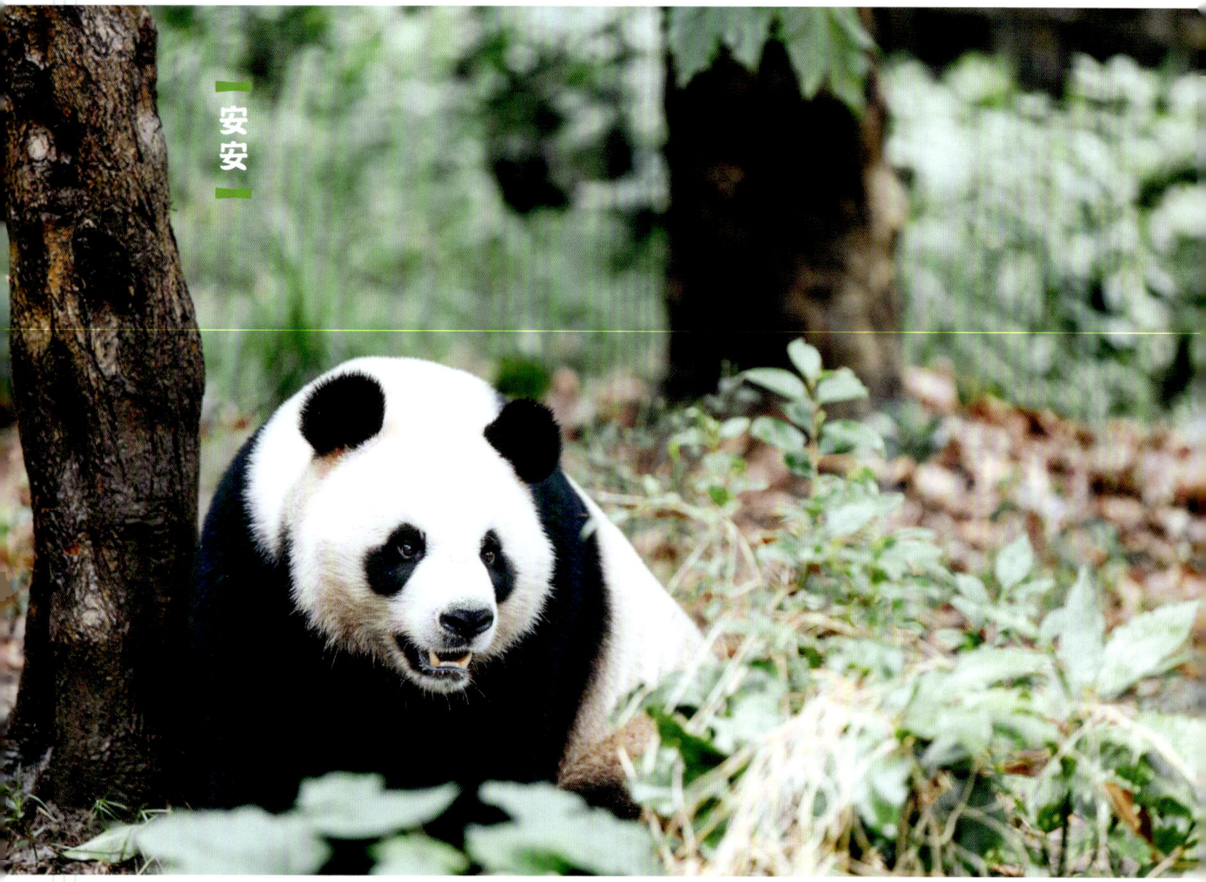

安安

（香港海洋公園　提供）

「安安」「可可」初次踏足香港海洋公園大熊貓展館場區

內地明星大熊貓

福星

大熊貓「福星」，雄性，別稱「胖大海」「西直門四少」，英文名為「Panda Hi」。2017 年 6 月 25 日出生在熊貓中心雅安碧峯峽基地，母親是大熊貓「瑛華」，父親是受救助的野生大熊貓「蘆蘆」。當年新生寶寶集體亮相時，「福星」因體型最大，毛色呈粉紅色，在同一屆熊貓寶寶中格外突出。之後，又因為一組蹲牆角的照片在社交媒體上廣泛傳播，成為年度最受歡迎大熊貓。

「福星」幼年時因過早離開母親而顯得膽小，總是獨自在樹上呆坐。幸好遇到自己的表哥大熊貓「萌蘭」，「萌蘭」天天趴在窗口和牠聊天，一開始「福星」不敢靠近，但在「萌蘭」堅持不懈下，「福星」逐漸變得活潑起來。「福星」是非常黏人的大熊貓，只是護理員一出現，牠的眼神總是在他身上，希望和他一起玩遊戲。

2018 年 12 月 30 日，「福星」在北京動物園熊貓館正式與遊客見面。

（照片來源：梁一霄　攝）

第四章

為你們而來

從四川到香港，
相隔一千三百餘公里，
一場跨越山海的綠色約定悄然落定；
從已故的「安安」「佳佳」到「樂樂」「盈盈」
再到近期赴港的「安安」「可可」，
横跨二十五年，再續兩地不解的熊貓情緣。
贈港大熊貓承載着眾多港人美好期盼和回憶，
快樂、治癒因你們而來；
海洋公園內遊客歡聲笑語，
我們為你們而來。

▲「可可」　（香港海洋公園　提供）

新家藏着驚喜

香港海洋公園佔地超過 91.5 萬平方米，東依深水灣，南眺東博寮海峽，西鄰大樹灣，地理位置得天獨厚，扎根自然，並糅合休閒與歷險元素，是世界級的教育及保育中心。自 1977 年 1 月 10 日開園以來，吸引世界各地的遊客紛至沓來。

早在 1998 年，香港賽馬會慈善信託基金捐款興建「香港賽馬會大熊貓園」，作為中央政府於香港特區成立兩週年時所贈送的大熊貓「安安」和「佳佳」的居住地方及展館。

因應大熊貓獨居的習性，「安安」和「佳佳」來到海洋公園後，有各自的居所。牠們的生活環境呈小山坡狀，整體設計仿照四川野外環境，四周種滿竹子，院內還種植有各種綠色植物，一片生機盎然。「安安」和「佳佳」每晚都可以選擇自己喜歡的地方入睡。牠們的卧室不僅寬敞舒適，水源充足，還設有天窗，可採納自然光。

2012 年，由於有另一種來自四川的瀕危物種川金絲猴加入，該展館改名為「香港賽馬會四川奇珍館」。

大熊貓「樂樂」「盈盈」到來後，海洋公園新建設一座大熊貓館，命名為「大熊貓之旅」，佔地超過二千平方米。精心設計的空間內，各項基礎配套設施一應俱全，充分滿足大熊貓的居住需求。整個展館由三個活動場組成，各場地之間以閘門相隔，必要時由護理員開啟，引導大熊貓穿梭於不同的場地間。此外，館內溫度常年保持在 18°C 至 24°C 之間。到冬季，館內部分位置會模擬季節更迭進行人工降雪，讓大熊貓也能感受到季節變換。該展館不僅有園方精心製作的「家具」，還有軟綿綿的草坪和銀白色的瀑布，在天然採光的穹頂下生機勃勃。屋內景色隨四季流變，模擬出大熊貓故鄉四川的氣候。

大熊貓的日常口糧——竹子，均從廣州精心挑選並運輸而來，每週至少兩次，確保每一隻大熊貓都能享受到最新鮮的美食。在竹子送抵後，工作人員會首先進行嚴格的採樣與檢查，確保每一捆竹子都符合安全標準。隨後，護理員會細心地為這些竹子掛上標籤，精準區分出每一捆竹子屬哪隻大熊貓的哪一餐，確保牠們都能得到合適的食物。

▲「香港賽馬會四川奇珍館」現時的館內環境　（香港海洋公園　提供）

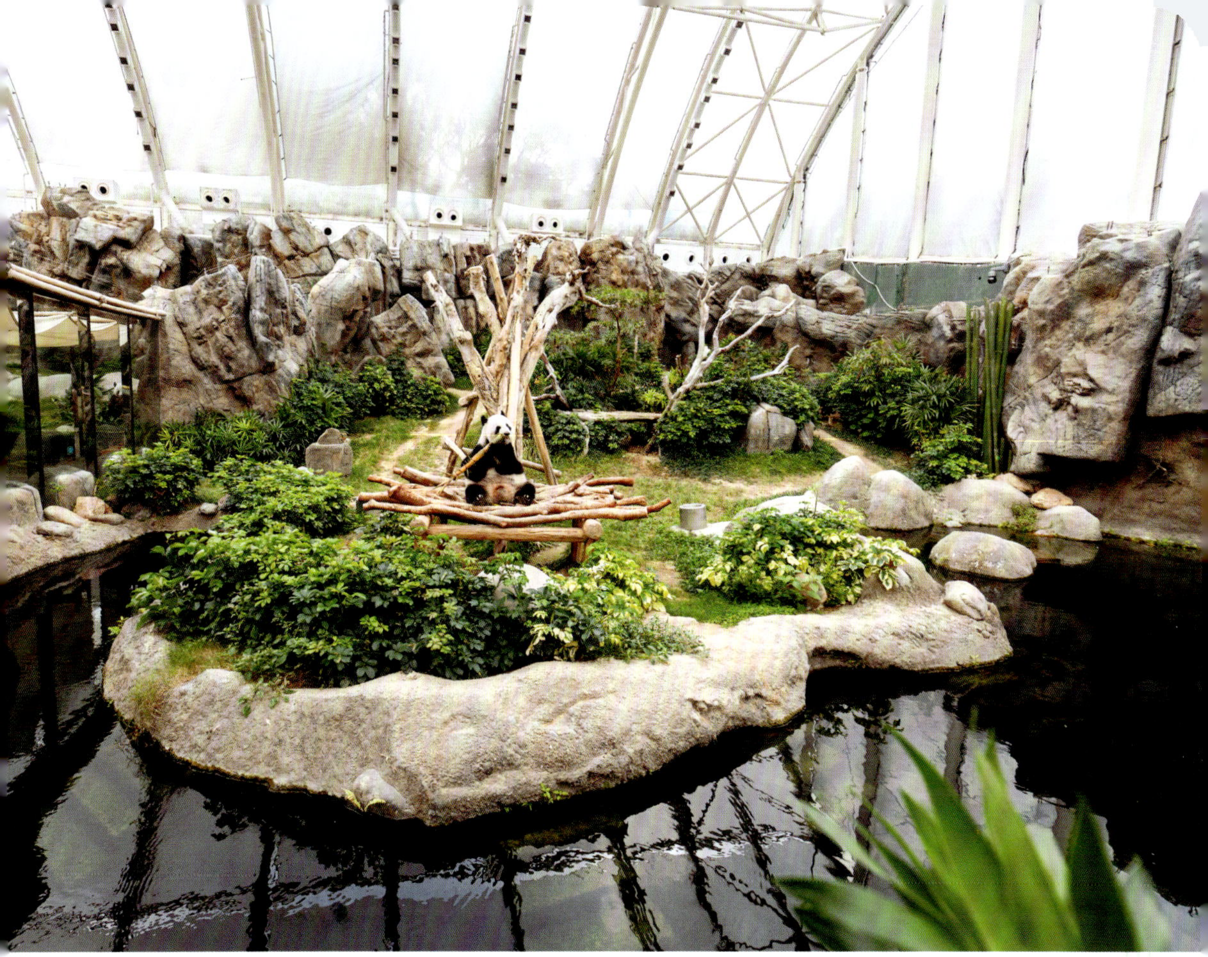

▲「大熊貓之旅」的館內環境　　（香港海洋公園　提供）

海洋公園的動物護理團隊每天早上 8 時上班，開始為大熊貓準備食物。大熊貓一天四餐，除了會吃下 10 至 15 公斤由廣州直供的竹子外，護理團隊還為牠們提供其他食物，其中包括從四川空運來的竹子、竹筍等。每天都有至少四種不同品種的竹子供大熊貓選擇，還有 1 至 2 公斤不同小食，如紅蘿蔔、番薯、蘋果、雪梨、窩窩頭。當大熊貓採食完畢後，護理

護理員介紹竹子運送及準備的工作流程

【盈盈】

（香港海洋公園　提供）

員會檢查牠們的剩食殘餘，以此判斷和了解牠們的口味偏好以及對當日食譜是否滿意，從而不斷調整飲食方案。

在香港的大熊貓與護理員之間相處十分融洽。護理員通過正面獎勵方式來訓練大熊貓，當牠們完成指令後，就會有牠們愛吃的零食。經過多年相處、訓練，護理員早已和大熊貓建立起良好的關係和信賴感。每次做身體檢查時，大熊貓都自願配合，可見牠們和護理員之間深厚的感情。

「佳佳」「安安」以高壽離世後，更加印證海洋公園對大熊貓提供卓越護理及醫療的承諾。熊貓中心也表示：「我們非常感謝海洋公園動物護理和獸醫團隊一直以來對大熊貓的專業照料。一般而言，野生大熊貓平均壽命少於 20 歲，而在人類照顧下生活的大熊貓可達 20 至 30 歲，長壽的更可達 30 歲以上。『佳佳』的長壽實有賴海洋公園一直以來提供一流設備，以及護理人員對其居住環境和日常生活的悉心照料。」

無數現代設施的建設，不僅提高了大熊貓的居住環境質素，也拉近了牠們與市民、遊客之間的距離。自「安安」「佳佳」和「樂樂」「盈盈」來到海洋公園以來，一直擔當着動物保育大使的重任，協助公園宣揚自然生態和保育知識。

「與大自然親近，在歡笑中學習」這句標語寫在海洋公園官方網站的教育活動版面上。自 1992 年起，海洋公園便致力於開展多元化的教育項目，至今已吸引超過百萬名學生踴躍參與。其中，以大熊貓為主題的教育活動已成為最受遊客與學校歡迎的教育項目。

目前，海洋公園為幼稚園、小學和中學學生精心策劃各種以大熊貓為主題的教育活動。這些教育活動旨在通過實踐活動，如到展館探訪大熊貓、以生動的話劇形式模擬重建大熊貓棲息地、近距離觀察大熊貓糞便等，讓學生深入了解大熊貓的習性及棲息地，亦體會到保護大熊貓等受威脅物種的重要，並傳遞出「保護自然，人人

大熊貓知識問答

大熊貓有幾根手指？

大熊貓真正的手指只有五根。牠的橈側籽骨（在手腕旁邊）進化成了牠的「第六根手指」——「偽拇指」，但並沒有指甲，組成對握結構，幫助大熊貓更靈活地採食竹子。

有責」的環保理念。

此外，海洋公園還曾舉辦一系列與大熊貓緊密相關的公眾活動及工作坊，如「大熊貓護理揭祕」體驗活動。公眾有機會深入展館內大熊貓的棲息環境，親身體驗大熊貓的護理工作，並近距離觀摩大熊貓的訓練展示。這一系列寓教於樂的活動，旨在加深公眾對動物及保育議題的認識，並激發他們傳承保護生態的責任感。

海洋公園多年來還與香港特區政府合作，舉辦青年實習計劃。此項目旨在提供多元化、具特色和有深度的專題實習機會，例如在 2024 年進行的大熊貓國家公園卧龍片區青年實習計劃（卧龍項目），合作單位包括中國大熊貓保護研究中心及四川卧龍國家級自然保護區管理局，實習崗位有戶外研究員、生態導賞員、博物館講解員、大熊貓教育大使及生態教育宣傳達人，能為青年提供自然保育和生態旅遊方面的專業培訓及實際工作經驗。

隨着 2024 年贈港大熊貓「安安」「可可」入住「四川奇珍館」，香港賽馬會亦捐款支持海洋公園提升「大熊貓之旅」及「四川奇珍館」的設施，包括飄雪系統、園境修復等。

相信在香港各界的努力下，大熊貓的保育和福利都會得到極大的提升。

▲「大熊貓之旅」是香港大熊貓的居所之一　　（書服家　提供；胡連超　攝）

我們很喜歡你們

某天清晨，氣温陡降。

早上大約8時，護理員前往大熊貓館內，查看降温對大熊貓有無影響。不過與急匆匆趕來的護理員不同，每天睡到自然醒的「樂樂」「盈盈」還沒起牀。

10時左右，「樂樂」率先走進場館，一頭鑽進準備好的早餐裏，愉快開飯。不一會兒，「盈盈」出現，牠首先圍繞着場館散步，與一旁嘴裏塞滿竹子的「樂樂」形成鮮明對比。遊客紛至沓來，「盈盈」也結束牠的飯前活動，只見她抓起一把竹子走到遊客眼前享用着早餐，引得眾人歡笑。

這兩隻正在大快朵頤的大熊貓可能已經不記得，十多年前牠們帶着「慶祝香港回歸祖國十週年」的祝福，從四川卧龍抵達海洋公園。當時，他們只是體重六十多公斤，年齡1歲半的熊貓崽，而現在已經長成超過一百公斤的壯年熊貓，還成為熊貓爸爸和熊貓媽媽。

「盈盈」「樂樂」
童年時的互動

盈盈

（Sara　攝）

大熊貓知識問答

大熊貓有哪幾個生長階段？每個階段有哪些特點？

根據大熊貓的不同生長階段，可以將其劃分為幼兒期、亞成年期、成年期、老年期。

從出生到 1 歲半是大熊貓的幼兒期。這個時期，大熊貓幼崽需要在媽媽的精心呵護下成長。熊貓媽媽會給牠餵奶，並且保持牠的身體清潔和溫暖。

1 歲半到性成熟前是大熊貓的亞成年期，也就是牠的青少年時期。這個時期的野生大熊貓會離開母親，開始獨立生活。牠需要學會如何尋找食物，建立自己的領地，並學習如何與其他大熊貓相處。

大熊貓的成年期自性成熟開始，直至 20 歲，也是其主要的繁殖期，牠們會開始求偶、交配和繁育後代。一般而言，成年期的大熊貓站立身高約 1.5 米以上，體重可以達到 100 至 150 公斤。

超過 20 歲的大熊貓就進入老年期了。這個時期，大熊貓的身體開始衰老，並且會出現一些例如白內障、關節炎等身體機能方面的問題。

樂樂

（香港海洋公園　提供）

香港的大熊貓除了受市民歡迎，亦引來城中名人的關注。劉德華先生是香港海洋公園保育基金的保育大使之一，對推動野外生態保育工作不遺餘力，更曾體驗大熊貓護理員的工作，親自為「樂樂」「盈盈」洗竹子、切生果、製作「窩窩頭」零食。

劉德華親自為「樂樂」「盈盈」準備食物

「盈盈」「樂樂」的生日都在 8 月，正是酷暑時節，海洋公園每年都會為牠們準

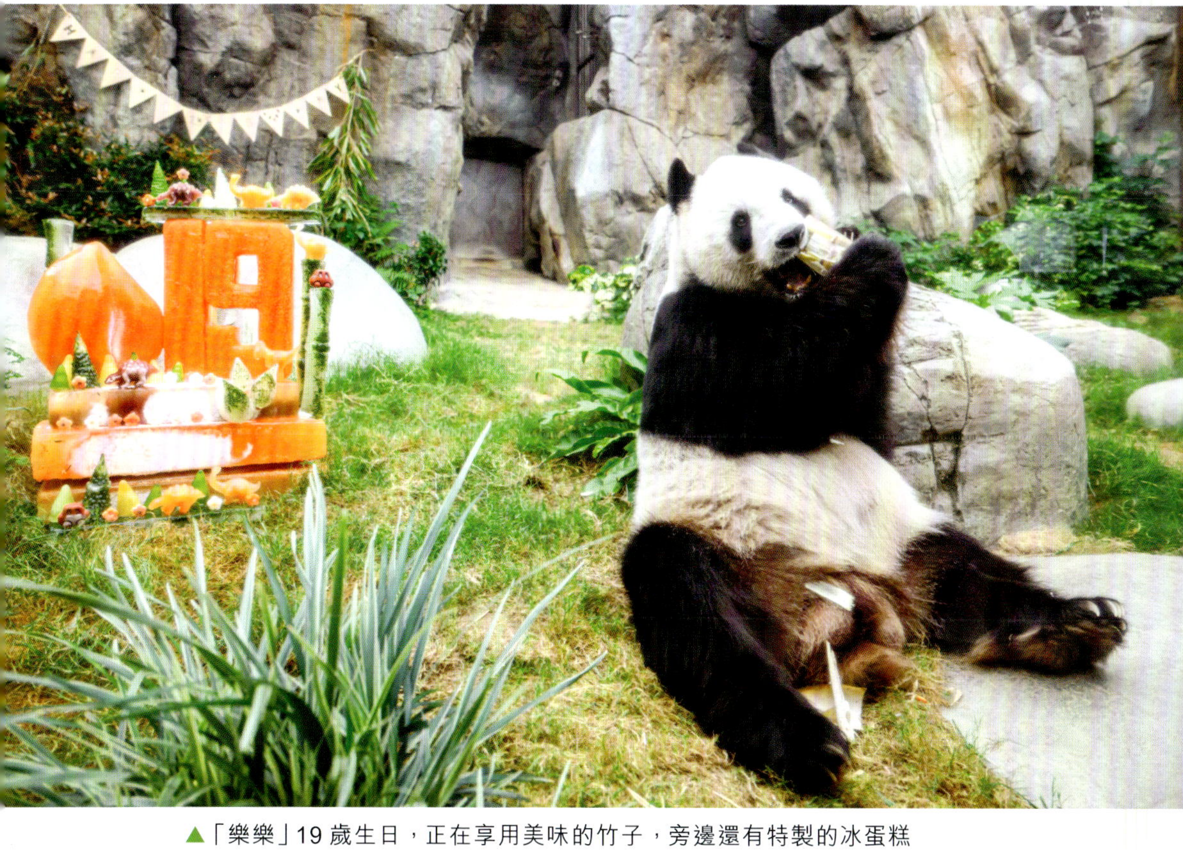

▲「樂樂」19 歲生日，正在享用美味的竹子，旁邊還有特製的冰蛋糕

（香港海洋公園　提供）

備用竹子、甘薯、胡蘿蔔、沙葛、蘋果等製作的冰蛋糕，蛋糕上還有壽星的年齡。

香港市民對大熊貓的喜愛，「安安」「佳佳」生前可能也深有體會。

1999 年 3 月，「安安」「佳佳」乘飛機到港，為香港市民帶來喜慶和歡笑。5 月，海洋公園熊貓館開幕時，時任國務委員吳儀親臨香港出席典禮，時任香港特區行政長官董建華致辭道：「大熊貓來港，也寓意香港好像『安安』和『佳佳』的名字一樣，繼續『安』定繁榮，迭創『佳』績。」

熊貓館開館首日，人潮不絕，吸引五千多名市民到海洋公園參觀。「安安」「佳佳」入住海洋公園後，迅速成為最受歡迎的動物，時常擔任海洋公園各項活動的主角，陪伴香港市民尤其小朋友度過無數歡樂時光。

2015 年，「佳佳」37 歲生日前夕，海洋公園為其舉辦「大熊貓生日暨刷新長壽紀錄慶祝會」，時任香港特區政務司司長林鄭月娥、食物及衞生局局長高永文、民政事務局首席助理祕書長（康樂及體育）賴俊儀、四川卧龍國家級自然保護區管理局副局長李德生、海洋公園主席孔令成等與遊客一起參與慶祝活動。

2024 年，對香港市民而言是雙喜臨門的一年。

7 月，香港特區行政長官李家超宣佈中央政府將再贈送香港一對大熊貓，並表示對於大熊貓的到來感到很興奮和期待。香港市民何嘗不是呢？大家對新成員的加入充滿期待，熱議哪兩隻大熊貓會前來香港。有市民表示「花花」年齡十分符合，申請「花花」，也有網友稱喜歡心眼子多的，強烈要求「七仔」。在眾多被提名的熊貓中，呼聲最高的莫過於「福寶」，有媒體在街上隨機採訪時，就有人表示如果「福寶」到港，自己就會購買年票天天去看牠。當然，無論最終是哪兩隻大熊貓赴港，香港市民都會用自己的愛與包

▲海洋公園為「佳佳」舉辦大熊貓生日暨刷新長壽紀錄慶祝會　（香港海洋公園　提供）

容讓牠們感受到幸福。

8 月，另一條突如其來的喜訊傳來，再次讓全港瀰漫在喜悅的氛圍中——「盈盈」產下龍鳳胎熊貓寶寶。海洋公園為滿足市民的熱情，特地開設香港大熊貓的專屬官方社交賬號，適時發放熊貓寶寶的成長經歷花絮，與市民和網友一同見證及陪伴「港產熊貓寶寶」成長。同時，「港產熊貓寶寶」還未取名，全港市民早已按捺不住內心的衝動，呼籲命名活動早日舉辦。

如今，大熊貓已經成為香港人的集體記憶，希望香港社會能在大熊貓的陪伴下走向更美好的明天。

▲ 2024 年 9 月，公佈「安安」「可可」是中央政府贈送香港的第三對大熊貓

（香港海洋公園　提供）

內地明星大熊貓

渝可、渝愛

大熊貓「渝可」，雄性，2022 年 7 月 22 日出生於重慶動物園，出生時體重為 132 克。「渝可」是大熊貓「二順」和「青青」的兒子，與妹妹「渝愛」是一對龍鳳胎。「渝可」因其可愛的性格和外表深受人們喜愛。牠喜歡與護理員親近，曾經多次歡快地撲進護理員的懷抱，讓目睹此景象的遊客感受到人與動物之間的真切情感。

大熊貓「渝愛」，雌性，同樣在 2022 年 7 月 22 日出生於重慶動物園，出生時體重為 91 克。「渝愛」以其活潑好動的性格著稱，被網友親切地稱為「愛姐」。牠常常展現出一種不羈和潑辣的氣質，但同時也非常聰明和充滿能量。「渝愛」和她的哥哥「渝可」之間的互動也非常有趣，兄妹倆經常在護理員面前藏起食物，互相撒嬌餵筍，展現出一種默契和友愛。

（照片來源：周曉慶　攝）

講不出再見

再見，「佳佳」

春去秋來，四季輪迴，歲月更迭。生老病死，卻是尋常。

根據大熊貓的生態習性，一般年齡在 20 歲以上的大熊貓就步入老年，目前相關研究專家將 21 歲以上劃定為大熊貓的老年階段。但在如今受人類照顧的情況下，大熊貓不僅能獲得健康的飲食、均衡的營養，還擁有不受天敵威脅和自然災害影響的生存環境，即使是年紀較大的大熊貓，看起來依然生龍活虎，甚至能成功生育。「樂樂」「盈盈」就是非常典型的例子，牠們在年約 19 歲時成功誕下一對龍鳳胎寶寶。

但無論如何，大熊貓終究會在時間的流逝裏逐漸衰老。這是護理員、遊客、當地市民必須面對的心理挑戰和情感考驗。

2016 年 10 月 16 日，在海洋公園那熟悉的展館內，曾經溫馨歡快的環境，此刻都籠罩在悲傷的陰影中。隨後，海洋公園發佈消息：大熊貓「佳佳」逝世，終年 38 歲。

大熊貓「佳佳」創下了當時在人類照顧下全球最長壽大熊貓的

（香港海洋公園　提供）

佳佳

紀錄，牠在世的每一天都在刷新我們對這珍稀物種的認識。

隨着年齡增長，大熊貓的疾病便慢慢襲來，包括高血壓、牙病、關節痛、腹水和眼部問題。其中牙病幾乎困擾着每一隻老年大熊貓，因為這直接影響到牠們進食竹子。「佳佳」早在二十多歲時，就被檢測出患有高血壓，每天要靠吃降壓藥控制血壓指數，每週還要測量血壓判斷其身體情況。此外，「佳佳」雙眼患有白內障，視力不斷退化。

胡綺琪回憶，「佳佳」離世前兩週，牠的健康狀況急轉直下，進食量和體重下跌至有記錄以來的最低值，食量由近 10 公斤降至 3 公斤以下，體重由 71 公斤跌至 67 公斤。而且牠每天清醒的時間

▲眾多市民、遊客送上心意卡和花束，悼念「佳佳」　　（香港海洋公園　提供）

越來越短，幾乎無法進食，雙眼已經看不清任何東西，只能感光。海洋公園獸醫能為牠做的，僅有減輕痛苦及緊張。在香港漁農自然護理署及海洋公園獸醫商議下，同意對「佳佳」進行安樂死。護理員最後一次送「佳佳」進入休息室，最後一次慢慢地陪伴着牠，撫摸着牠，每個人都在心裏萬分不捨地說：「走吧……」為免牠繼續受苦，也只能選擇告別了。

「佳佳」離世後，在獲得熊貓中心同意下，牠的部分遺體留作科研、獸醫學教育及保育用途；部分遺體在港火化，骨灰被安置在其生活了十七年的「四川奇珍館」附近，並栽種一棵銀杏樹以作紀念。

銀杏樹是植物界的「活化石」，象徵着健康長壽及多子多福。大熊貓「佳佳」離世後，海洋公園為牠栽種了一棵銀杏樹，並將牠的部分骨灰安葬樹下，以表緬懷。後來「安安」離世後，園方亦在附近栽種了第二棵銀杏樹。如今，這兩棵銀杏樹已經挺拔而立，「佳佳」與「安安」以生命延續了生命。

大熊貓知識問答

大熊貓 1 歲等於人類多少歲？

大熊貓與人類的年齡比例大約為 1:3 至 1:4，即大熊貓的 1 歲大約相當於人類的 3 至 4 歲。野生大熊貓的壽命一般為 15 至 20 歲，而在人類照顧下的大熊貓壽命可達 20 至 30 歲，長壽的更可達 30 歲以上。以這個比例計算，大熊貓的老年階段相當於人類的較高齡階段。

再見，「安安」

「佳佳」離世那年，牠的鄰居「安安」即將年滿 30 歲，正接受高血壓和關節炎等年老症狀的治療。牠每天開心地享用着美食，睏了就倚靠在石頭旁曬太陽睡大覺。雖然年老，但身體還算硬朗，看上去依舊憨態可掬。

沒有人會刻意去思考生命註定的結局，有一天時間終究會帶走牠。

安安（已故）

（香港海洋公園　提供）

時間一轉眼又過去五年多，香港市民及遊客照舊每天去看望「安安」，彷彿這件事已經成為他們生活中不可或缺的一部分。

2022 年 7 月，這隻陪伴全港二十三年的大熊貓，傳來食慾不振的消息，並且無法與遊客見面，大家頓感心頭一緊。一眾香港市民紛紛為這隻「爺爺」級別的大熊貓加油打氣、祈禱，同時感謝護理員和獸醫對「安安」的照顧，更有市民聽聞消息後忍不住哭了出來。

「安安」在停止進食固體食物，只靠飲用水和電解質飲料後，身體變得十分虛弱。7 月 21 日，香港漁農自然護理署和海洋公園在徵詢熊貓中心後，忍痛讓「安安」接受安樂死，免除牠的痛苦。

無力回天，是我們對生命終將逝去的無奈表達。「安安」在陪伴香港市民二十三年後，以 35 歲的高齡悄然離去，將陪伴大家的接力棒交到「樂樂」「盈盈」手中。這何嘗不也是一種圓滿？

「安安」離世後，海洋公園在獲得熊貓中心同意下，將「安安」部分遺體保存下來，用作日後年長大熊貓及大熊貓護理等方面的研究。餘下的遺體經過火化後，也被埋在故居「四川奇珍館」附近一棵剛種植的銀杏樹下。

這對同時赴港的大熊貓「安安」「佳佳」，曾經肩負使命相伴着香港市民，牠們離世後依然比鄰而居，繼續以另一種方式陪伴大家。

回顧「安安」的精彩一生

第五章

盼望

盼望，

不僅是對大熊貓未來在香港生活的暢想，

還是對自然環境、物種保護的肯定，

更是全港市民對腳下這片熱土如何發展的期待。

▲「可可」　（香港海洋公園　提供）

科研成果助力

於 2011 年至 2014 年進行的大熊貓調查顯示，中國的野生大熊貓數量已從 1980 年代的約 1,100 隻，增至近 1,900 隻；2016 年，根據國際自然保護聯盟（IUCN）的瀕危物種紅色名錄，大熊貓的受威脅程度從「瀕危」降至「易危」。可見對大熊貓的科研保護效果顯著，特別是對於大熊貓研究保護的技術、人文交流合作，各方力量匯聚，促使這一結果到來。

香港海洋公園自從 1999 年第一對贈港大熊貓「安安」「佳佳」到來後，對於大熊貓的科研保護工作從未停息。

在大熊貓「安安」離世前，海洋公園對牠的日常生活進行了一項長達三十一個月的研究。整個團隊在 2019 年 7 月至 2022 年 1 月期間，反覆觀察「安安」的活動軌跡及對棲息地的喜好，累計觀察時長 422.5 個小時。這項研究項目為研究老年動物行為科研提供最重要的文獻資料。此前，有關大熊貓老年行為的研究相對較少。

香港海洋公園高級研究員馬思慧（Eszter Matrai）是這個研究項目的負責人，她在發佈研究成果時説道：「我們把『安安』的日常活動分為幾個類別，並記錄牠在棲息地內不同路徑行走的次數和模式，讓我們更了解牠與環境之間的互動，而所收集的寶貴數據更有助於我們評估牠的身心健康狀況，從而進一步提高牠的生活質量。」

研究團隊的具體做法是在「安安」居住的「四川奇珍館」內，將牠兩個棲息地區域的十五條路徑，分類為低於 20 度角的緩坡及高於 20 度角的斜坡，並通過現場觀察和攝影錄像觀察，分析了解「安安」對不同斜度路徑的選擇。為全方位了解觀察，不遺漏任何細節，研究團隊還邀請到二十名曾接受動物行為解讀培訓的實習生參與觀察。

▲研究員正在觀察已故「安安」的行為　（香港海洋公園　提供）

經過約兩年半的數據採樣分析，「安安」會通過選擇停留位置及路徑來節省體力消耗。除了喜愛在接近休息室的位置活動，牠對不同斜坡路徑選擇上也有偏好。比如牠在上坡時更多選擇低於 20 度角的緩坡，下坡時則會更多通過高於 20 度角的斜坡。因此，上坡路程會更長，下坡路程更短，這一特點與野生大熊貓在自然環境中的生活習慣是一致的。

馬思慧指出：「這套突破性的路徑分析研究方法，能協助我們評估所照顧動物的健康狀況，例如足部和肌肉骨骼系統的健康、關節炎狀況等，分析結果也提供了客觀的數據，顯示年齡增長及疾病如何影響動物的生活模式。這些研究數據也可用於棲息地改善，以及持續提升動物的長期護理。」

這套路徑分析方法容易操作，不僅適用於大熊貓研究，也可以適用於其他物種研究，這正是研究大熊貓背後所蘊含的深遠價值與意義所在。

海洋公園研究團隊持續通過不同研究協助提升動物福祉，推動動物保育，曾經發表過多篇關於大熊貓及其他物種的論文，涵蓋不同的主題，包括大熊貓腸道微生物多樣性與關節炎治理等，研究成果可應用於其他物種的保護工作。

此外，香港海洋公園保育基金致力支持推動大熊貓保育的研究。下述兩項近期的創新研究項目，保育基金都給予了大力支持。

在 2018 年 7 月至 2024 年 5 月期間，崑山杜克大學環境科學助理教授李彬彬帶領進行了一個研究項目，調查了放牧對大熊貓棲息地的影響，並探討可持續放牧。研究量化了牲畜放牧對大熊貓所需的竹林生態系統和其他植被造成的損害，通過監測草食性和肉食性哺乳動物的數量以及植被密度，提供了科學依據以制定有效的放牧管理政策。其中關鍵成果是在王朗國家級自然保護區推行全面禁牧，並為村民制定替代方案：在大熊貓國家公園小河溝片區的龍池村試驗推廣可持續生計發展計劃，旨在提高社區對野生動物（特別是大熊貓）保護的意識，並培養對可持續放牧管理的共識。

另一方面，中國大熊貓保護研究中心副主任李德生現正帶領進行一個研究項目，旨在深入了解被放歸的大熊貓如何適應野外生活。這項研究能夠追蹤被放歸大自然的大熊貓的覓食策略和去向，並與野生大熊貓進行比較，進而分析現有放歸模式的成功經驗與存在的問題，並回饋到放歸工作的管理中，為大熊貓或其他瀕危物種的放歸提供借鑒。

許多珍稀物種正面臨着與大熊貓相似的威脅。大熊貓作為旗艦物種，牠的科研保護工作就像一面旗幟，最終的研究成果、技術會與其他動物的科研保護相互促進，從而引領生物多樣性保護的作用。只有在科學研究助力下，我們對動物、環境保護的殷切盼望才能早日實現。

（香港海洋公園　提供）

引領動物保育國際舞台

2024 年，大熊貓「盈盈」順利誕下一對大熊貓寶寶，成為有記錄以來最年長初次成功產子的大熊貓。大熊貓一向以難於繁殖見稱，而隨着年齡增長，大熊貓成功產子的機會就更微。祝效忠表示：「這對在香港出生的大熊貓雙胞胎為我們的大熊貓保育工作打了一支強心針。作為標誌性的哺乳類物種，大熊貓的保育工作能間接保護共存於同一棲息地的眾多其他物種。有見及此，我們致力拓展對這一獨特物種的保育和教育工作。」

如今，國際上在談論大熊貓時，往往強調大熊貓是旗艦物種。祝效忠認為，在野生動植物保育的議題中，棲息地的保護、人工護理繁育、野外放歸，以至公眾教育這幾個部分都非常重要，而且是相輔相成、環環相扣的。

「我相信絕大多數時候社區和人們不是刻意破壞大熊貓棲息地，或者故意和野生動植物作對，其實人們只是在生活。所以，我們會告訴他們有些行為會影響到當地野生動植物的生存；然後，再向他們提供其他能保障生活的選項，例如，從事保護竹林工作代替放牧。」祝效忠説，這對於科研人員是一個很重要的支援，因為他

佳佳

（香港海洋公園　提供）

們生活在大熊貓棲息地，他們參與保護自然環境，不僅保護了大熊貓這一物種，還保護了整個地區其他野生動植物，如金絲猴、雪豹、雀鳥等。

至於人工繁育或是野外放歸，祝效忠續指，兩者目標都是避免在野外的動植物遭遇滅絕的可能性。大熊貓的保護成果是一個成功案例，通過人工繁育能擴大物種的種羣基數，令其數量在受保護的情況下增加。而且，通過人工的環境可以衍生出各類接觸機會，讓公眾可以看到、感受到，甚至近距離觀察到動物，在這過程中會產生情感關係，從而令大眾更加支持去關愛大自然。在內地，熊貓中心大熊貓野化放歸工作已經進行很多年，同時海洋公園和熊貓中心之間會有定期交流，大家在共同分享的環境下幫助大熊貓進行保育和教育工作。

2024 年 8 月，「盈盈」成為有記錄以來最年長初次成功產子的大熊貓；2022 年 7 月，「安安」去世時為在人類照顧下全球最長壽的雄性大熊貓；2016 年 10 月，「佳佳」去世時為在人類照顧下全球最長壽的大熊貓——這些世界紀錄的創造與誕生，標誌着海洋公園在動物保育的國際舞台上已享負盛名。這些成就的取得，彰顯出香港地區的動物護理和保育領域已達到國際標準，有的技術處於領先地位。

已故的「安安」和「佳佳」是第一對在香港的大熊貓「長住民」，牠們曾經創下了兩項最長壽大熊貓的世界紀錄，標誌着海洋公園動物護理團隊的護理水平已處於世界領先地位。經過多年來細緻的觀察和數據收集，海洋公園已積累了詳盡的參考數據和豐富的經驗，能夠提前制定護理預案，包括在大熊貓生病時的用藥方案，以及在不用麻醉的情況下為大熊貓進行眼部護理、牙齒檢查、超聲波檢查、X 光檢查和繁殖期樣本採集等。

保護大熊貓的意義遠不止於大熊貓本身。科研人員希望通過這一廣受歡迎的物種，播撒科學的種子，激發人們對生態保護的熱情，進而吸引更多人投身於大熊貓及其他物種的保護研究之中，尤其是科學研究領域。

事實上，對大熊貓或其他物種的保護與研究，並非孤立行為，而是關乎我們人類自身福祉的深遠考量。即希望為人類營造一個能保持生態平衡的生存空間，同時也為構建一個不斷進步、永續發展的社會奠定堅實基礎。這類保護研究，不僅是為一代人的幸福，更是為子孫後代能夠繼續享有這片美好家園作出的努力。

護理員幫年老的「安安」量血壓

（香港海洋公園　提供：Matt Leung　攝）

內地明星大熊貓

奇一

大熊貓「奇一」，雌性，2016 年 7 月 1 日出生於成都大熊貓繁育研究基地。母親是大熊貓「奇緣」，父親是大熊貓「勇勇」，還有一個雙胞胎妹妹「奇果」。

「奇一」因其獨特的外觀和行為而廣受歡迎。牠頭頂有一撮呆毛，這使得牠非常容易辨認，因此也被暱稱為「天線寶寶」或「奇小方」。

「奇一」性格活潑，喜歡表演兔子跳和假摔，這些行為讓牠獲得「奇兔兔」的稱號。此外，牠對抱護理員大腿的行為特別執着，喜歡表演，經常自娛自樂，還會用小爪爪撩其他大熊貓，儘管有時會被其他熊貓「教訓」。

（悅小兑　攝）

（梁一霄　攝）

講好大熊貓故事

2024 年 8 月，大熊貓「盈盈」順利產下一對龍鳳胎寶寶，為香港帶來無盡的喜悅與驚喜。這兩隻新生的大熊貓寶寶以其天真無邪的萌態，深深觸動廣大香港市民的心弦。與此同時，又一對承載着美好希望的大熊貓抵達香港，香港成為了除內地以外擁有最多大熊貓的地方。全港上下熊貓熱潮達到新高度，尤其在此刻香港旅遊業持續復蘇之際，「熊貓經濟」或能帶動全港旅遊業及社會經濟發展。

香港多個大型活動紛紛加入大熊貓元素。中秋燈會、無人機表演以及「幻彩詠香江」燈光音樂匯演等活動中都出現大熊貓的身影。行政長官李家超表示，文化體育及旅遊局、香港旅遊發展局和香港海洋公園將攜手合作，積極推動社會各界及不同機構利用大熊貓熱潮締造商機。他鼓勵社會各界把握機遇，推出相關的宣傳活動、商品、文創產品和旅遊產品等，以開創新的商機並推動消費市場的繁榮。

香港市民也用行動踐行着他們對於「熊貓經濟」的期待。不少市民給政府出主意、提意見，例如創造各類熊貓 IP，推出熊貓主題餐廳，發展熊貓創意文化產業，推動熊貓主題旅遊產品等，並相信

「熊貓經濟」有助香港整體經濟發展。

至今，許多人認為香港依舊是那座創造奇跡的城市，「熊貓經濟」是一個契機，希望借助這股熊貓熱潮能夠激發出香港市民的創意、創新，講好大熊貓的故事，打造出真正具有香港文化特色的大熊貓 IP，推動香港經濟進入全新發展階段。

海洋公園主席龐建貽透露，海洋公園團隊一直積極構思不同方案，其中一項非常重要策略便是為這六隻大熊貓「IP 化」。

IP 化，是指將大熊貓的形象深度挖掘並轉化為具有顯著品牌價值的文化象徵。海洋公園以園內六隻大熊貓為藍本，設計了一系列可愛角色，在園內不同角落閃耀登場。每個角色都充分反映每隻大熊貓的特點，呈現牠們的獨有特徵，例如眼圈和黑色肩帶形狀，以及各自擁有的調皮、好奇或溫馴的性格。海洋公園亦與多個品牌合作，推出一系列精選產品和體驗。

盈盈

（梁一霄　攝）

（香港海洋公園　提供）

▲海洋公園近來推出種類繁多的大熊貓周邊產品　（書服家　提供；胡連超　攝）

至於文化創意，不妨參考四川。

在成都寬窄巷子，大熊貓元素已融入街區的各類消費場景，每隔幾十米便能看見售賣熊貓元素文創產品的商店，以及帶有大熊貓元素的各類美食店，其店鋪密度與川渝火鍋店密度相當。如今，四川大熊貓文創產品覆蓋文具、生活用品、科技用品等各方面，充分讓國內外旅客多角度、全方位感受大熊貓文化。可以說，到四川旅遊的遊客，很難「空手而歸」。

中國鐵路成都局集團有限公司特地打造大熊貓主題旅遊列車，這趟「熊貓專列」內開設有「熊貓郵局」，遊客在車內隨時可以使用「熊貓明信片」，將旅途見聞分享給親朋好友。

其實，早在大熊貓「安安」「佳佳」赴港時，香港郵政就曾於 1999 年 4 月 25 日發行過「大熊貓在香港」郵票。為紀念「樂樂」「盈盈」來港一週年，香港郵政於 2008 年 7 月 1 日再度推出大熊貓郵票，一套四枚，以心形、葉形、熊貓頭狀和花形四種照片裁剪方式，展現了大熊貓憨態可掬的形象。隨着新一對贈港大熊貓抵達香港，香港郵政在 2024 年 12 月 12 日發行「喜迎大熊貓」特別郵票，引發市民的熱烈關注。

▲香港郵政於 2008 年發行的「大熊貓」特別郵票正式首日封　（香港海洋公園　提供）

（香港海洋公園　提供）

香港從來不缺乏活力與創意，熊貓相關文化創意在香港一直受到市民熱捧。不過，如今的文化創意市場已經不是僅僅靠外形或者包裝就能取勝，其內含的文化底蘊與地方情懷更能吸引市民、旅客的注意力。

期待在政府和市民共同努力下，大熊貓文創在香港生生不息。

內地明星大熊貓

萌蘭

大熊貓「萌蘭」，雄性，2015 年 7 月 4 日出生於成都大熊貓繁育研究基地，出生體重 179.8 克，現居北京動物園。小名「麼麼兒」，暱稱包括「西直門三太子」「萌三」等，有「陌上人如玉，萌蘭世無雙」的美譽。

「萌蘭」母親是大熊貓「萌萌」，父親是大熊貓「美蘭」。「萌萌」性格活潑好動，被稱為「北動影后」，而「美蘭」則溫潤如玉。「萌蘭」遺傳父母的優良基因，一出生就因其美貌走紅。2017 年 9 月，「萌蘭」返回北京動物園，並於 10 月 16 日與遊客正式見面。

（照片來源：梁一霄　攝）

附錄一
大熊貓的小天地

盈盈洞

大熊貓「盈盈」的護理員曾分享了一個「盈盈」的小故事：「當大家在場地內尋覓『盈盈』的身影未果時，不妨將目光投向院落一隅，那裏是『盈盈』的寧靜小天地——一個石洞。這個石洞被護理員稱為『盈盈洞』。這個不起眼的石洞，成為『盈盈』私享的靜謐港灣，牠偏愛趴在石洞口休息，享受屬自己的寧靜。」

▲正趴在「盈盈洞」洞口休息的「盈盈」

（香港海洋公園　提供）

仙人掌

在墨西哥出生及居住的大熊貓「欣欣」，有一天不經意間品嚐到仙人掌的味道，從此不再專情於竹子。墨西哥動物園專門培育一種適合大熊貓胃口的仙人掌，從一開始護理員只給「欣欣」少量仙人掌，到後來逐漸增加用量，意外地發現，「欣欣」竟然非常喜歡吃仙人掌。護理員在把仙人掌餵食給「欣欣」前，會把仙人掌的尖刺部分拔掉，只留下鮮嫩的部分投餵給牠。牠每次吃完都會舔舔嘴巴，露出滿意的笑容。

輪胎

大熊貓「壯壯」，獨樹一幟喜歡車輪胎，被網友稱為「輪胎公主」。而且「壯壯」對輪胎的喜愛程度，已經到了無法割捨的地步。輪胎被牠套在身上，走到哪裏帶到哪裏；就連睡覺時，都要把輪胎放到自己身旁，才能入睡。如今，一個輪胎已經無法滿足「壯壯」的喜愛了，牠總得往自己身上套兩個輪胎。

胖大魚

大熊貓「福星」，在熊貓中心 17 屆熊貓寶寶集體亮相中，因為在一眾熊貓中體型最大，被戲稱為「胖大海」。牠有一個玩了好幾年的「胖大魚」玩偶，不僅在遊客面前總是不離手，連晚上睡覺都不忘把「胖大魚」帶回去，十分愛惜。

不鏽鋼盆

大熊貓「薰生」，以其抱着不鏽鋼盆而聞名。不管是在爬樹還是在抓癢，牠似乎從不捨棄手中的「寶貝」。曾經有一次，「薰生」不小心將不鏽鋼盆踢入水中，但牠並未氣餒，巧妙地利用「熊貓撈盆」的方式解決了問題。

兔子玩偶

大熊貓「飛雲」，有一個自己獨寵的兔子玩偶，愛不釋手。有一天，兔子玩偶被牠弄到大熊貓「金虎」的院子裏。沾染上「金虎」氣味的兔子玩偶，被護理員撿回來後，直接被「飛雲」打入「冷宮」。

附錄二

大熊貓之最

出生體重最重的大熊貓

名為「吉福」，出生時體重達 270.4 克，由大熊貓「翠翠」在 2022 年產下。

出生體重最輕的大熊貓

名為「成浪」，出生時體重僅 42.8 克，2019 年出生於成都大熊貓繁育研究基地太陽產房。

產崽最多的熊貓

分別為大熊貓「英英」和大熊貓「公主」。「英英」自 1998 年參加繁育到 2013 年退出，共生育十胎十五崽，成活十三崽；「公主」自 2003 年參加繁育到 2019 年退出，共生育十一胎十五崽，成活十四崽。

最早較完整記載大熊貓的書

宋朝《太平御覽》。書中記載熊貓產於四川，毛色黑白相間，步行時蹣跚，食性嗜竹，體型似熊。

中華人民共和國成立後，第一次送給其他國家的大熊貓

大熊貓「蘭蘭」和「康康」，於 1972 年贈送給日本。

最早在中國以外生產的大熊貓

大熊貓「迎迎」，於 1975 年贈送給墨西哥，1980 年 8 月 10 日喜得貴子。

第一隻境外出生並回到國內的大熊貓

名為「華美」，1999 年 8 月 21 日出生於美國聖地亞哥動物園，是採用人工授精技術在美國出生並存活的第一隻熊貓幼崽，2004 年回到中國。

最早採用人工授精法生產的大熊貓

大熊貓「元晶」，於 1978 年 9 月 8 日生於北京動物園。

最早接受白內障手術治療的大熊貓

1984 年，在平武縣木皮藏族鄉的深山密林中，出現一隻極度消瘦、奄奄一息的大熊貓。很快，人們發現這隻大熊貓眼睛患有白內障。從未給大熊貓施行過白內障手術的平武縣和綿陽地區醫務人員全力為其施行白內障手術，讓其重見光明，並取名為「迎春」。

最早充當電影演員登上銀幕的大熊貓

大熊貓「偉偉」，牠在科學教育電影《熊貓》中共拍攝八十多個鏡頭。

在人類照顧下全球最長壽大熊貓

在人類照顧下全球最長壽的大熊貓，是大熊貓「佳佳」和大熊貓「新星」。「佳佳」，雌性，譜系號 230，約在 1978 年出生，於 2016 年 10 月 16 日在香港海洋公園離世；「新星」，雌性，譜系號 253，約在 1982 年出生，於 2020 年 12 月 8 日在重慶動物園離世。兩隻大熊貓均在野外被救助，具體出生時間無法考證，而牠們去世時均為 38 歲，相當於人類 114 歲高齡。

在人類照顧下全球最長壽雄性大熊貓

大熊貓「安安」，於 1999 年贈送予香港特區。「安安」在 1986 年出生，於 2022 年 7 月 21 日離世，享年 35 歲，是全球在人類照顧下最長壽的雄性大熊貓。

有記錄以來最年長初次成功產子大熊貓

大熊貓「盈盈」，於 2007 年贈送予香港特區。「盈盈」於 2005 年 8 月 16 日出生，在 2024 年 8 月 15 日，即 19 歲生日前一天，成功誕下一對龍鳳胎。

後記
如果大熊貓會說話

大熊貓已在地球上生存了至少八百萬年，寫作這門技藝從文字誕生以來已有數千年的歷史，一個人終其一生，也只能寫作數十年的時間。

大熊貓和寫作者之間，有着一種極為特殊的微妙關聯，那就是二者之間都散發着時間的魅力。

當我專注於寫作，用時間打底，將古老的文字一個個串聯起來，我會想起大熊貓在歷經大自然的種種劫難之後依然能夠倖存至今，不得不説是一個奇跡。牠們不但外形憨態可掬，具有重要的科研價值，更重要的是，從牠們身上體現出來的萬難皆可戰勝的堅韌品質、代代相傳生生不息的頑強意志，令人起敬。

如果大熊貓會説話，牠們會告訴我們自然界幾百萬年來環境與物種的巨大變化。

最近十年以來，我和我的團隊成員一直專注於內容領域的創作，我們在全球範圍尋找有價值的內容題材。每找到一個好的選題，就好像播下一顆種子，我們不知道它會在哪個季節生根、發芽、開花、結果，當我們專注於當下，專注於創作本身，無意間抬頭四顧時，才發現時間已饋贈給我們無數驚喜。

我不是動物護理與研究領域的專家，這本書的出版，有幸得到香港中華書局、香港海洋公園以及大熊貓研究領域的專家、大熊貓題材攝影師的大力支持，在此表示誠摯的謝意！

香港中華書局總經理兼總編輯周建華博士、香港中華書局助理總編輯兼中華教育出版分社社長吳黎純女士，以及本書的責任編輯鍾昕恩女士、本書的設計師，他們在選題策劃、創作指導、內容編輯、出版流程、對外聯絡、裝幀設計、品質監管、協作推廣等方面付出了大量的心血。

海洋公園動物及保育主管暨香港海洋公園保育基金總監祝效忠先生不但接受了我們的採訪，提供了不少有關香港大熊貓的故事、大熊貓護理團隊的工作及成就、海洋公園的保育工作發展等資料，也是本書的內容審訂專家之一；海洋公園海濱樂園動物部助理館長胡綺琪女士向我們介紹了她照顧大熊貓十多年的心路歷程；海洋公園教育主管辦公室的同仁們給予通聯、照片、視頻方面的大力協助，他們與海洋公園動物及保育部的同仁，在審訂稿件上都給予了幫助。

來自香港、四川兩地的大熊貓保育領域專家，參與了本書稿件的審訂工作。他們是海洋公園動物及保育主管暨香港海洋公園保育基金總監祝效忠先生，中國大熊貓保護研究中心副主任、首席專家李德生先生，中國大熊貓保護研究中心文化宣教處科普教育負責人簡從炯女士；他們共同把關，確保本書內容及語言文字表述的科學性、嚴謹性、權威性。

香港海洋公園、大熊貓護理員 Matt Leung 先生、大熊貓題材攝影師梁一霄女士、攝影師 Sara 女士、周曉慶先生、芋圓看熊貓、柚子君、悦小兑共同為本書提供了精美的高清照片，確保給予讀者以美的享受。

書服家團隊成員胡連超先生、黎艷女士是我共事多年的夥伴，他們用踏實嚴謹的工作作風、精益求精的職業精神，給予本書在資料搜集、人物訪談、錄音整理、專家聯絡等方面的協助，在此一併致謝。

於我個人而言，這是一次全新的創作體驗。這是我和我的團隊奉獻給香港讀者朋友的第一本書，希望香港的讀者朋友喜歡。書中不當之處，懇請讀者朋友指正。

為支持海洋公園各位同仁在動物保育、公眾教育方面的工作，我和周建華博士一致決定，以書服家和香港中華書局的名義，將本書的部分版税聯合捐贈給海洋公園。

大熊貓雖然不會説話，但本書的出版，成為我們了解大熊貓的一扇窗口。中華文化源遠流長，願與各方一道，共同致力於中華文化的傳播。

感恩遇見。

一如既往地，期待我們在下一個路口相遇。

李開云

2024 年 11 月 15 日

可可

（香港海洋公園　提供）